NF文庫
ノンフィクション

日本陸軍の基礎知識

昭和の生活編

潮書房光人新社

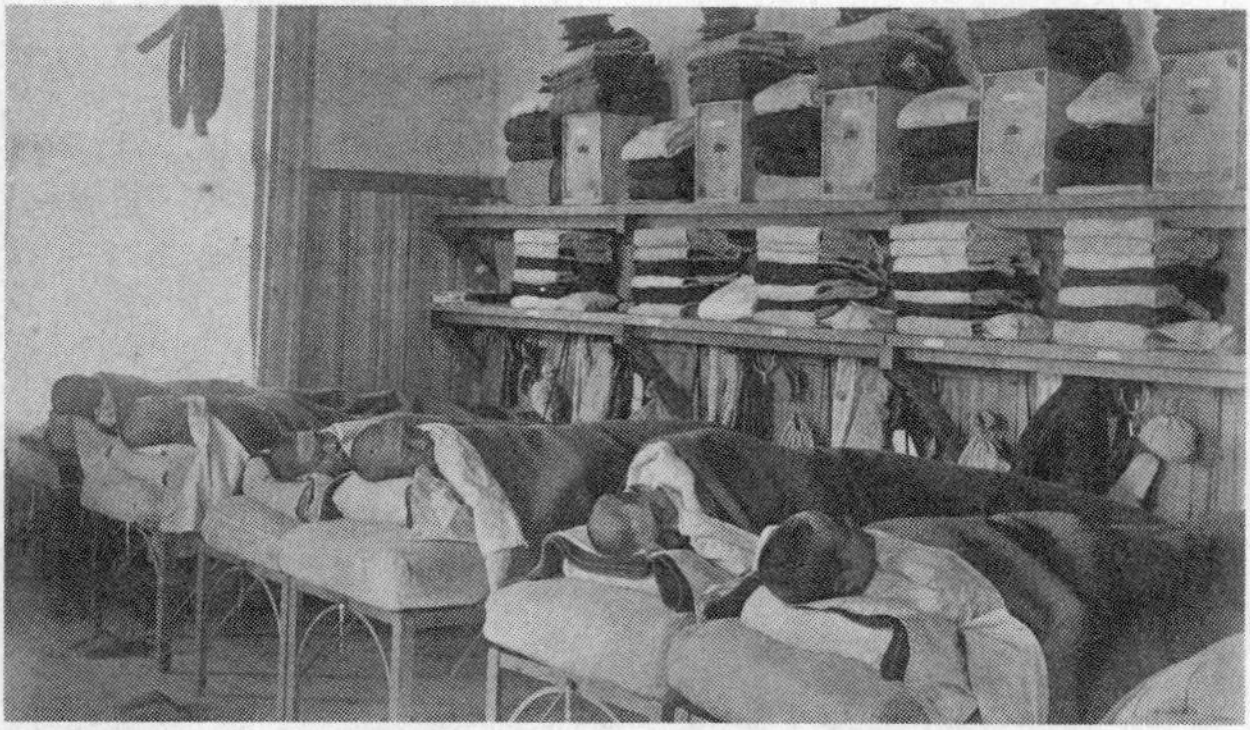

大正中期の内務班の様子。「寝台」と呼ばれるベッドで兵員が就寝中の状況であり、寝台上に袋状にセットした毛布に入り込むスタイルの陸軍独特の就寝方法がよくわかる写真である。壁面には棚が設けられ被服・装備類が整然と乗せられており、小物や私物を収めるための「手箱」も見られる。窓際に防災用の脱出用綱があることから兵舎の2階であることがわかる。

大正中期の「騎兵第二十六聯隊」の内務班の様子。兵舎内の中央を走る廊下部分をはさんで左右には10~20名の兵員を収容する「兵室」が設けられており、この「兵室」1部屋が1つの「内務班」となる。写真は騎兵部隊のために「兵室」入口に設けられた「銃架」と呼ばれる小銃ラックには「三八式歩兵銃」ではなく騎兵専用の「四四式騎銃」が並べられており、その裏面には同じく騎兵専用のサーベルタイプの軍刀である「三十二年式軍刀 - 甲」が並べられている。

兵営内で武器手入れを行なう騎兵。明治末期から大正初期の撮影であり、小銃は「三八式騎銃」の前身である「三十年式騎銃」であるため、銃剣である「三十年式銃剣」を着剣するための着剣装置が付随しておらず、写真左端の兵卒は肩から腰に「騎兵用弾薬盆」と呼ばれる騎兵用の弾薬ポーチを提げている。

明治後期から大正前期に撮影された炊事場。「竈」がスチーム化した蒸気竈を採用される以前の時期のものであり、薪ないし石炭を用いる「竈」が写されている。

大正中期の「歩兵第四聯隊」の「炊事場」。写真中央にはスチーム利用の「蒸気煮炊釜」が見られ、左右には同じくスチーム炊飯を行なう「飯蒸罐」が見られる。「飯蒸罐」で米飯を焚く場合は「飯蒸函」と呼ばれる配食容器兼用の蓋付きアルミ箱を利用する。「蒸気煮炊釜」は後に二重式・三重式の性能の向上した改良型が出現する。

「炊事場」に設置された「蒸気煮炊釜」の改造例。従来までの薪・石炭を使用する竈の筐体を利用して内部にスチームを通すかたちで、既存の旧式竈を「蒸気煮炊釜」に改造した一例である。

「歩兵第六十七聯隊」の炊事場での副食調理の状況。竹籠に収められたカットずみの野菜類の調理の準備状況であり、調理の終了した副食は調理場で「菜皿」に1名ずつ取り分けられて、「菜台」と呼ばれる取手付きの木製運搬容器に各内務班ごとに収められる。

近衛歩兵第一聯隊

大正期の「近衛歩兵第一聯隊」での食事運搬の状況。各中隊より「炊事場」に「めしあげ」と呼ばれる食事受領にきた「めしあげ要員」が食事を運搬中の一葉である。写真中央には荷車タイプの「食餌運搬車」が見られる。

「炊事場」で「飯蒸罐」を応用しての副食の蒸物の調理状況。天井部分には「飯蒸罐」の取り扱いを示した「飯蒸罐取扱上ノ注意」が掲げられている。

「炊事場」での食器準備の状況。明治末期から大正初期の撮影であり、写真中央には蒸気ないし煮沸消毒が終わった「面桶」が見られる。「面桶」は建軍以来より毎食の主食である２合飯を収めた蓋付きの木製容器であり、日露戦争前後より「飯椀」に取って代わられるようになり大正中期ごろまで用いられた。「面桶」は「めんとう」ないし「めんつう」と読まれていたが、呼称の訛りからいつしか「メンコ」と呼ばれるようになり「兵食」の代名詞である「メンコ飯」の呼称の原点となったと伝えられている。

「歩兵第四聯隊」の内務班での食事風景。食事中の撮影のために写真がぶれているが、机上には中央に茶湯を入れる薬缶があり、アルミ製の「飯椀」には２合の米麦飯がよそわれており､その隣には具だくさんの汁物を入れた「汁椀」と「湯呑」が見られる。また何かしらの増加食があったようであり、何らかの食材を入れた「飯盒」の蓋が見られる。

「歩兵第五十二聯隊」の酒保の状況。「酒保」は兵営内にある売店であり、下士官兵向けとして日用品の販売を行なう売店であるが、このほかに菓子・煙草等の販売も行なわれており、下士官兵の憩いの場所であった。写真ではカウンター上に「石鹸」「煙草」「塵紙」「鉛筆」「手拭」等が所狭しと並べられている様子が見られる。

目次

第1話 下士官兵の服装
日本陸軍の階級 20
昭和期の軍服 22
被服の種類 28
軍服の着用順序 29

第2話 下士官兵の装備
下士官兵の装備 31
歩兵の小銃 37

第3話 将校の被服と装備
将校の被服と装備 41
将校の軍装 42
将校の装備 44
将校の軍刀と拳銃 46

第4話 兵営のシステム
歩兵聯隊の編成 52
兵営の構成 57

第5話 兵舎と内務班❶
中隊と兵舎 63
内務班の構成 64
階級の呼称について 65
内務班の設備 66
営外居住 69
平時と戦時の中隊編成 70

第6話 兵舎と内務班❷
内務班の一日 73
モダン兵舎と呼ばれた歩兵第三聯隊の新兵舎 80

第7話 兵営生活の詳細❶
就寝と起床 83
洗濯洗面所 84
日朝点呼 86
清掃 87
衛生状態の一例 89

第8話 兵営生活の詳細❷
教練と学科 93
医務室 97

第9話 兵営生活の詳細❸
使役勤務 103
入浴 107
洗濯 109

第10話 兵営生活の詳細❹
週番勤務 114

第11話 兵営生活の詳細❺
風紀衛兵勤務 123

第12話 軍旗
陸軍初の軍旗 133
制式の軍旗 134
軍旗の親授 136
軍旗の保管と軍旗歩哨 137
儀礼と敬礼 138
軍旗の運用と軍旗護衛隊 139
軍旗の運用と軍旗衛兵 141
軍旗祭 142

第13話 軍馬と厩
軍馬について 143
厩 144
軍馬の手入れ 146
蹄鉄のメンテナンス 147
軍馬の食事 149

第14話 兵食と炊事場
陸軍の給与規定 153
兵食の献立 156
炊事場 158
献立と米麦飯 159

第15話 配食と食事
配食 162
食事と食器 164
食事の注意 168

第16話　外出と私的制裁
休日と外出　173
私的制裁　177
第17話　酒保
「酒保」　181
第18話　除隊と予備役
除隊　191
あとがき　201

日本陸軍の基礎知識
〔昭和の生活編〕

下士官兵の服装

「日本陸軍の基礎知識〈昭和の生活編〉」の第1話は下士官・兵の軍装を、昭和期の被服、装備の種類、軍服の着用順序等、「歩兵」の場合を例にさまざまな観点から取り上げる

第1話

日本陸軍の階級

日本陸軍の階級体系は大別して「将校・准士官」と「下士官兵」の二つに区分される。「将校」は「将官」と「佐官」と「尉官」に区分され、「将官」には「大将」と「中将」と「少将」、「佐官」には「大佐」と「中佐」と「少佐」、「尉官」には「大尉」と「中尉」と「少尉」の階級があった。

「准士官」には「特務曹長」があり、昭和十二年になると名称が「准尉」に変更された。「下士」には「曹長」と「軍曹」と「伍長」があり、「兵卒」には「上等兵」と「一等卒」と「二等卒」があった。

昭和六年になると「一等卒」と「二等卒」の名称は「一等兵」と「二等兵」に改め

日本陸軍の階級体系（昭和10年）

区分	詳細		任官区分
将校	将官	大将	親任官
		中将	勅任官
		少将	
	佐官	大佐	奏任官
		中佐	
		少佐	
	尉官	大尉	
		中尉	
		少尉	
准士官	特務曹長		判任官
下士官	曹長		
	軍曹		
	伍長		
兵	上等兵		
	一等兵		
	二等兵		

られて「兵卒」を「兵」と呼ぶようになり、併《あわ》せて従来まで「下士」と呼ばれていた下士官に対する呼称が「下士官」と改められた。

また、昭和十五年九月になると「上等兵」と「伍長」の間に、新たに「兵長」の階級が新設された。

昭和期の日本陸軍の階級体系は右表のとおりである。

昭和期の軍服

昭和期に日本陸軍の下士官兵の着用した軍服は大まかに分類して二種類が存在した。一つ目は明治四十五年二月二十四日に「勅令第十号」で制定された「明治四十五年制定下士兵卒用被服」であり、二つ目は昭和十三年に「勅令第三百九十二号」で制定された「昭和十三年制定下士官兵用被服」である。

大正 11 年の被服改正で「軍衣」の「袖章」、「軍袴」の「側章」が廃止された明治 45 年制定下士兵卒用被服を着用した「一等兵」。「襟部徽章」から「鉄道第一聯隊」の所属とわかる

軍帽（下士以下）

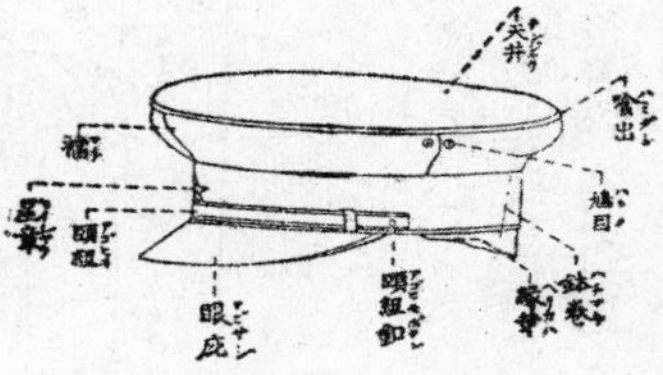

明治四十五年制定下士兵卒用の「軍帽」

前者の「明治四十五年制定下士卒用被服」は立襟（スタンドカラー）タイプの軍服で、幾度もの改正を経ながら昭和十三年の被服改正まで、大正期全般と昭和前期にわたり永く用いられた軍服である。

「軍衣《ぐんい》」と呼ばれるジャケットには、前面にボタン五個と左右胸部分に一個ずつ「物入《ものいれ》」と呼ばれるポケットが付けられており、襟部分は二つのホックで固定する。

「軍衣」の襟部分の裏面には、摩擦防止と汗・塵埃等よりの被服保護のために「襟カラー」の代替として「襟《えり》布《ふ》」と呼ばれる三角形の綿布を折り畳んだ布を仮縫いして取り付ける。

また、「軍衣」の左右の肩部分には脱着式の「肩章」と呼ばれる「階級章」が付けられ、襟部分には兵科を示す「襟章」と所属等を示す金属製の「襟部徽章」が付けられる。

左右の袖部分には大正十一年の被服改正までは緋（赤）色の「袖章」と呼ばれるラインが装飾として加えられていた。

「軍袴《ぐんこ》」と呼ばれたズボンには徒歩者用のストレートタイプの「長袴《ちょうこ》」と、乗馬者

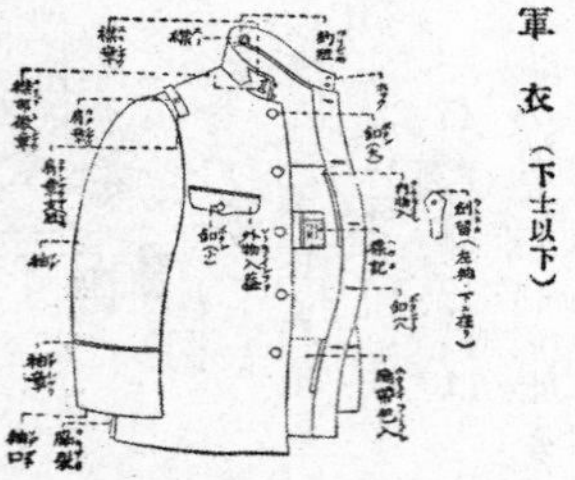

明治四十五年制定下士兵卒用の「軍衣」

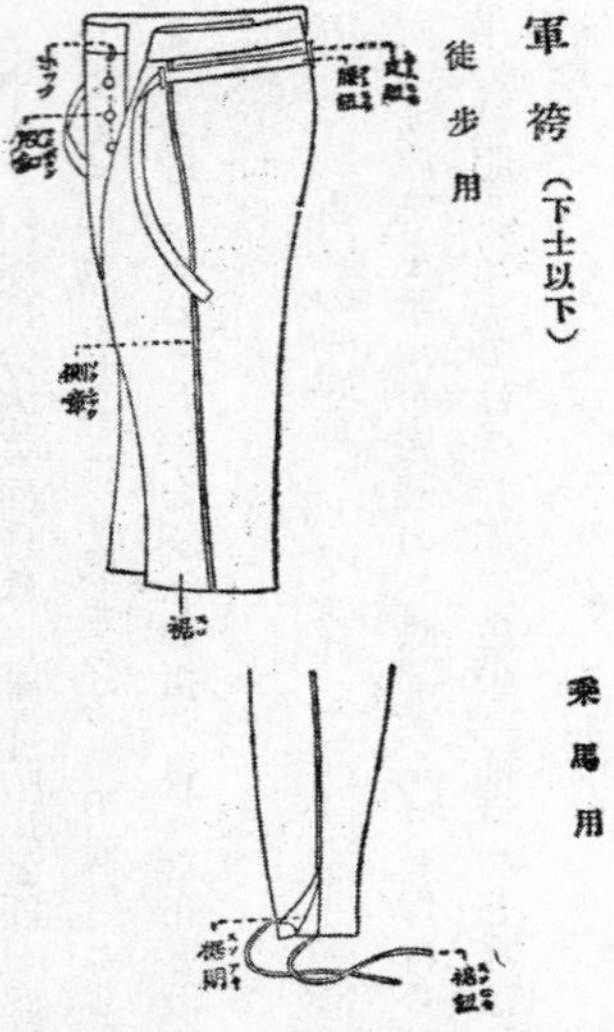

明治四十五年制定下士兵卒用の「軍袴」。徒歩用の「長袴」と乗馬本分者用の「短跨」があり、「短跨」は裾部分を「裾紐」で纏められるようになっている

用の乗馬ズボンスタイルの「短袴《たんこ》」の二種類があり、大正十一年の被服改正まではズボンの側面に緋色の「側章」と呼ばれるサイドラインが装飾として加えられていた。

後者の「昭和十三年年制定下士官兵用被服」は従来の「明治四十五年制定下士兵卒用被服」に代わり、昭和十三年に新たに制定された折襟タイプの新型軍服であり、「大東亜戦争」終結まで使用された軍服である。

新型の「軍衣」は折襟スタイルで前面にボタン五個と左右胸部分と左右腰部分に各一個ずつ合計四つの「物入」が付けられており、襟部分は一つのホックで固定する。従来までは肩部分に「肩章」として付けられていた「階級章」は、小型化されて襟部分に付けられることとなり、兵科の識別は右胸に付けられた「胸章」で識別されることとなった。

「軍袴」は従来までは徒歩者用の「長袴」と乗馬者用の「短袴」の二種類が存在して

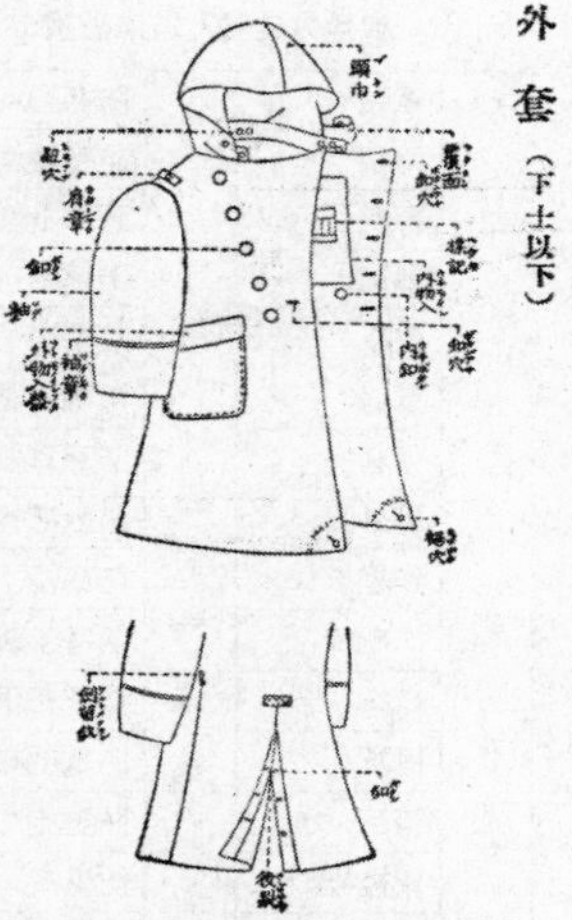

明治四十五年制定下士兵卒用の「外套」

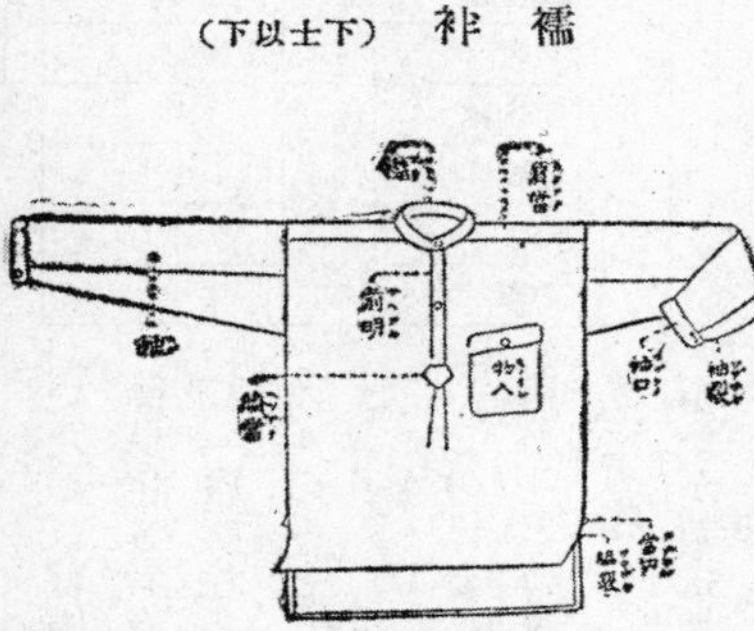

明治四十五年制定下士兵卒用の「襦袢」

歩兵の被服と特殊被服

被服	軍帽	特殊被服	防寒帽
	略帽		防寒覆面
	軍衣		防寒外套
	軍袴		防寒半袴
	夏衣		防寒襟
	夏袴		防寒胴著
	外套		防寒耳覆
	夏外套		防寒襦袢
	作業衣		防寒袴下
	作業袴		防寒手袋
	襟布		防寒靴下
	襦袢		防寒毛布
	袴下		防暑帽
	夏襦袢		防暑衣
	夏袴下		防暑袴
	手袋		防蚊手袋
	編上靴		防蚊覆面
	長靴		眼簾
	営内靴		
	巻脚絆		
	靴下		
	拍車		

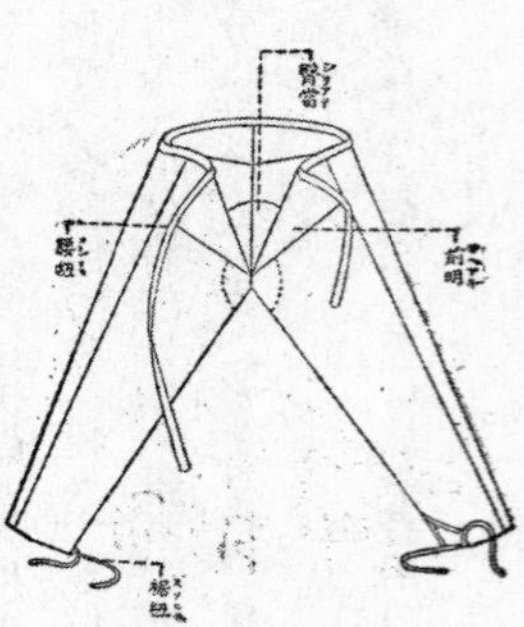

明治四十五年制定下士兵卒用の「袴下」

いたが、整備の簡易化を考慮して「短袴」スタイルのみとなった。

このほかに昭和十三年の改正で「軍帽」と「略帽」が制式制定される。

「略帽」は通称「戦闘帽」と呼ばれ、満洲事変以降、「試製略帽」ないし「試製戦帽」等の名称で広範囲で試験採用されていたフィールドキャップを正式に制定したものであり、戦闘時に「鉄帽《てつぼう》（ヘルメット）」の下に被《かぶ》ることを前提にして作成された庇《ひさし》付きの帽子である。

　また全時代を通じて冬季は「軍衣」の上に「外套」と呼ばれたコートを着用するほか、降雨時等には「夏外套」と呼ばれるレインコートを着用した。

「外套」は絨製のダブルボタンスタイルのロングコートであり、固定式の「頭巾」と呼ばれたフードが付けられており、通常は「背嚢」に装着するか丸めて左肩から右腰に斜め掛けして携帯するほか、露営時には毛布の代用としても利用された。

歩兵下士官兵被服官給数量一覧

区　分	数	備　考
軍帽	1	
軍衣袴	2	
夏衣袴	3	
外套	1	
防雨外套	1	
襟布	3	
冬襦袢袴下	3	
夏襦袢袴下	3	
手袋	2	馬取扱者
靴下	3	
編上靴	3	
営内靴	1	
巻脚絆	2	
作業衣袴	1	馬取扱者
軍隊手帳	1	
背嚢	1	
雑嚢	1	
飯盒	1	
水筒	1	
携帯天幕	1	
被服手入具	1	
背負袋	1	

「外套」は昭和五年の被服改正でシングルボタンスタイルにデザインが変更され、さらに昭和十三年の被服改正でデザインも変更される。

「夏外套」は「外被」ないし「防雨外套」とも呼ばれ、防水布で作られたシングルボタンタイプのフード付きのレインコートであり、降雨・降雪が激しい場合は装具の上から着用できるように胴回りが大きめに作られている。

被服の種類

日本陸軍の下士官兵の被服はすべてが「官給品」と呼ばれる軍より支給される物品であり、昭和期の歩兵を例に示せばP. 26表のような被服がある。

これらの被服類は大まかに、通常着用する「被服」と特殊な状況下で着用する「特殊被服」に二大別されていた。

P. 26表にある「被服」類は、一名の下士官兵あたりP. 27表に記した数量が軍から支給されるほか、「私物」の使用は原則として禁じられていた。

下士官兵の被服のうちで唯一の私物は「褌（越中褌《ふんどし》）」をはじめとした下着類であるが、この「褌」も後の「大東亜戦争」下では物資不足より「官給品」となる。

軍服の着用順序

服の着用順序は、まずは「褌」等の下着を付けてから、「襦袢《じゅばん》」と呼ばれるシャツと「袴下《こした》」と呼ばれたズボン下を付け、「靴下」を履《は》く。

「袴下」は防寒と併せて被服保護の目的もあり、着用に際して「睾丸」は右側に収まるようにして履き、「靴下」は踵《かかと》部分の無いズンドウ形式であり、同じ面を底辺にして繰り返し着用しないように毎回使用面を回転させて着用する。

つづいて「軍袴《ぐんこ》」と呼ばれたズボンを履いてから、ジャケットである「軍衣」を着用して「軍帽」を被る。「軍衣」の襟部分には首回りの垢や汗が直接被服に触れないように、「襟布」と呼ばれる「襟カラー」代用の布を縫い付ける。

服の着装が終わると、「編上靴《へんじょうか》」を履いて「脚絆《きゃはん》」を付ける。「編上靴」は編み上げタイプの牛皮製の半長靴であり、靴底には摩耗防止のために鉄鋲が打ちつけられている。「脚絆」は「巻脚絆」ないし「ゲートル」とも呼ばれ羅紗製のリボン状の布を「編上靴」上部より脛上部までの範囲に巻きつけることで、行軍時の鬱血防止や脚部保護に適したものである。

なお、「巻脚絆」は着用に際して、はじめの二回はキツめに巻き付け、三回目と四回目は脱落防止のために表裏を折り返しながら巻きつけ、巻き終わりの端末が斉一に両脛の外側に来るように着用することが求められていた。

また、「乗馬本分者」と呼ばれる乗馬勤務者は下士官兵のすべてが「長靴」と「拍車」を着用したほか、歩兵でも「曹長」と「本部付下士官」は「長靴」を着用した。

昭和十三年制定下士官兵用の「略帽」「軍衣」「軍袴」「巻脚絆」を着用した「二等兵」。「巻脚絆」の端末処理の様子のわかる写真である

夏季における酷暑期には「軍衣」「軍袴」「襦袢」「袴下」に替わり、「夏軍衣」「夏軍袴」「夏襦袢」「夏袴下」を着用するとともに「軍帽」には綿製の「軍帽覆」を付ける。

蛇足ながら、陸軍では経理面での呼称をのぞいて、通称「冬衣」「冬袴」の名称はなく、絨製の軍服を「軍衣」「軍袴」と呼称しており、これに対して夏季に着用する綿製の衣袴は「夏衣」「夏袴」の名称を付けていた。

第2話 下士官兵の装備

第1話の「下士官兵の服装」につづき、第2話は雑嚢、水筒、飯盒、背嚢、鉄帽、三八式歩兵銃、三十年式銃剣等々、昭和期日本陸軍の下士官・兵の装備を紹介する

下士官兵の装備

昭和期の歩兵の下士官兵が装着する基本装備には「雑嚢《ざつのう》」「水筒」「飯盒」「背嚢」「鉄帽《てつぼう》」がある。以下にこれらの装備品を解説する。

雑嚢

「雑嚢」は食料・弾薬・日用品等を収容して肩から掛ける布製鞄であり、明治二十五年に制式制定されて以来、数度改正されており、大正三年の大規模改正以降は、昭和十四年の被服改正までほぼ同型の「雑嚢」が用いられた。

昭和十四年改正の雑嚢は収納容積を増やすために大型となり、また「雑嚢」本体の金属・皮革節約と防音を目的として、開閉金具部分の金属と皮革を廃止して「紐止め」

のみとした。

「雑嚢」を携帯する場合は負紐で左肩から右後腰部に斜めに掛ける。

水筒

もともとは「飲器《いんき》」等と呼ばれたブリキ製の水筒であり、後に漆塗の革カバーで覆ったガラス製の「ガラス水筒」が明治三十年台初頭まで用いられた。

明治三十一年に「水筒」の制式名称にてアルミニウム製で四合の水が収容できる水筒が制定される。これは煮沸可能なアルミニウム製の本体にコルク製の栓が付いており、携帯用に肩からかける「釣紐革」と呼ばれる革紐が付いている。

携帯する場合は、通常は「雑嚢」に重ねる形で左肩から右後腰部分へかけ、乗馬本分者は逆に右肩から左後ろ腰部分にかける。いずれの携帯に際しても革紐の長さ調整用金具が正面に来るように装着するため、水筒は徒歩用と乗馬用の二種類が存在した。

昭和5年に三八式歩兵銃を用いて対空射撃訓練を行なう歩兵第一聯隊の下士官兵。写真中央の兵隊は背嚢に外套・携帯天幕・携帯円匙を付けている様子がわかる

昭和五年になると、既存の「水筒」に替わり一リットルの水が収容可能な新型の「昭五式水筒」が登場する。

なお、昭和十五年（皇紀二五九九年）になるとアルマイト加工の特許が失効したため、「昭五式水筒」の水筒本体にアルマイト加工を施した「九九式水筒」が登場する。

この「九九式水筒」の外見・寸法は「昭五式水筒」と同一であるが、後に戦時体制と物資不足より「口栓」と「負紐」に「伊号」「呂号」「波号」等の代用品を用いた戦時生産バージョンが登場する。

飯盒

「飯盒」は、もともとは弁当箱ないし配食用食器として背嚢に取り付けた容器であり、その多くは漆塗ブリキ容器であった。

「日清戦争」終結後のアルミニウムの精錬技術の向上によって明治三十年より煮炊きも可能なアルミニウム製の「飯盒」が出現する。

「飯盒」は「本体」「蓋」「掛子」より構成されており、最大で二食分四合の米飯の炊爨が可能であった。

明治三十年制定の「飯盒」は制式名称に年号等を冠しておらず、単に「飯盒」と呼ばれている。

この「飯盒」も前述の「九九式水筒」と同様に、昭和十五年のアルマイト加工の特許失効を期として、既存の「飯盒」本体にアルマイト加工を施した「九九式飯盒」が登場する。

また、この「飯盒」とは別に、昭和七年に本体の内面にもう一つの飯盒を入子に収納することで、一度に最大四食分である八合の米飯の炊爨が可能な「九二式飯盒」が制定される。

背嚢

「背嚢」は明治建軍より採用されており、陸軍の「鎮台」より「師団」改正という近

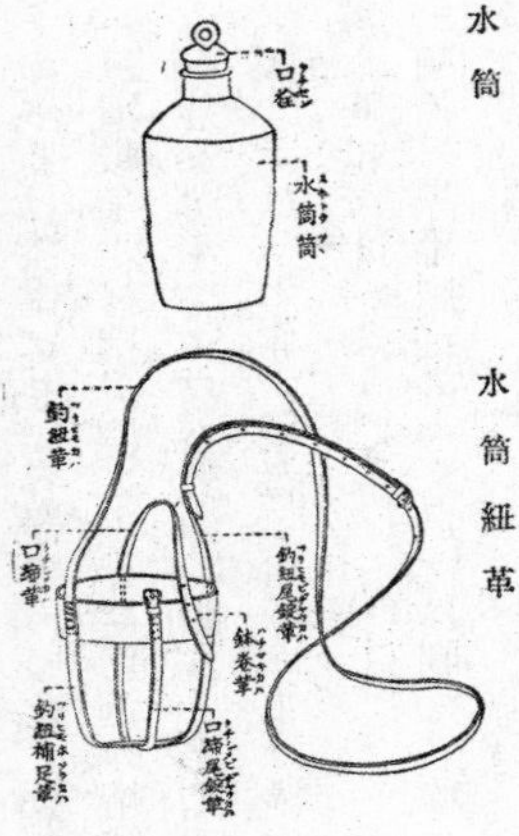

明治三十一年制定水筒

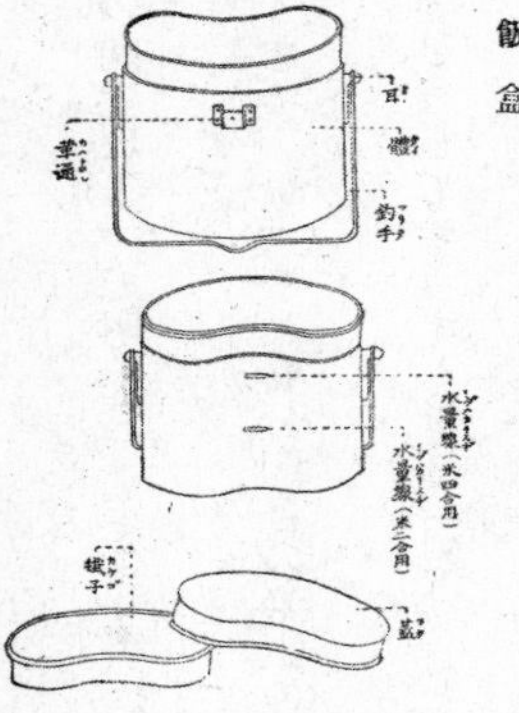

明治三十年制定飯盒

代改正の時期になって、明治二十年に「下士兵卒用背嚢」が制式制定された。

この背嚢は数度の小改正を受けて、明治四十五年に背嚢の改正が行なわれ「明治四十五年制定背嚢」が制定される。

のちの昭和五年になると、製造工程と資材省略の見地より「明治四十五年制定背嚢」の背面毛皮部分を防水帆布にした「昭五式背嚢」が制定される。

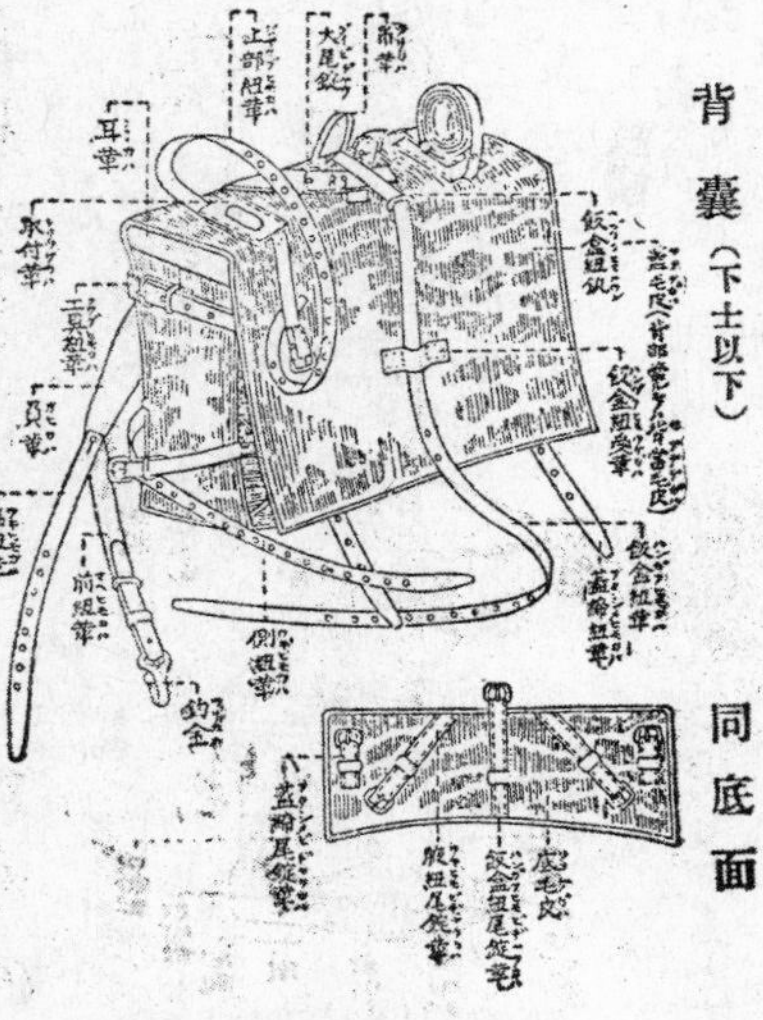

明治四十五年制定下士兵卒用背嚢

この「昭五式背嚢」が制定されたことにより、既存の「明治四十五年制定背嚢」は「毛皮背嚢」ないし「旧式背嚢」の通称で呼ばれるようになる。

さらに昭和十四年になると「昭五式背嚢」に代わり、物資節約と整備性の向上を目的として防水帆布製の本体に、装備縛着用の紐を付けた布製背嚢である「九九式背嚢」が制定される。

雑嚢

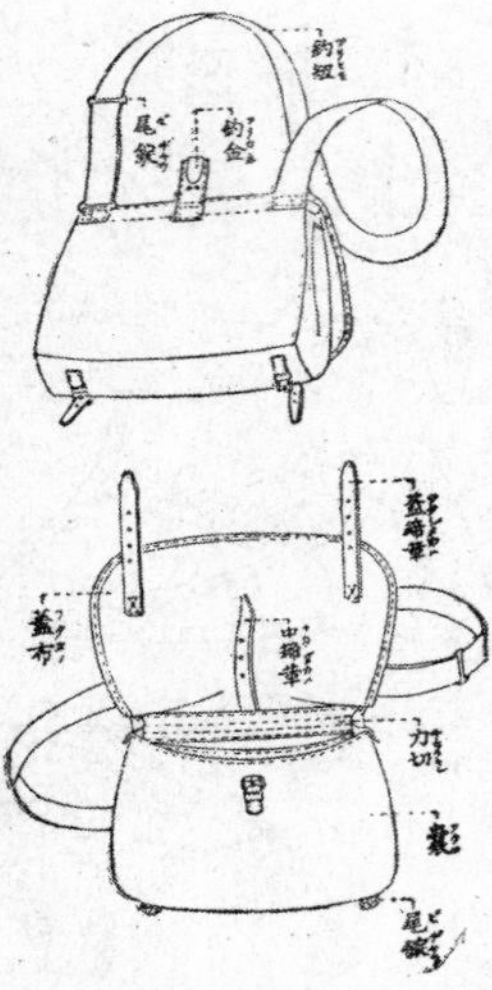

大正三年制定雑嚢

背嚢の内部には着替・食糧・予備弾薬・各種手入具等を収め、周囲には「外套」や「携帯天幕（個人用テント）」を革紐（革ベルト）で装着し、背嚢背面には「飯盒」を装着するほか、「携帯円匙《けいたいえんぴ》（スコップ）」「小十字《しょうじゅうじ》鍬《しゅう》（つるはし）」等の携帯工具を装着する。

鉄帽

「鉄帽《てつぼう》」はヘルメットの日本名称であり、もともと大正期後半に「鉄兜」の名称で兵器として制定されていたものが「防毒面」と同じく昭和七年に兵器より被服に調達整備の管轄移行にともない取り扱いが被服扱いとなったために「鉄製帽《てつせいぼう》」を略して「鉄《てつ》帽《ぼう》」と呼称されるようになった。

陸軍の基幹鉄帽は昭和五年制定の「九〇《きゅうまる》式鉄兜」であり、前述のように当初は兵器扱いであったものの取扱い区分が被服に変更されたため「九〇式鉄帽」と改称された。

「九〇式鉄帽」には「大」「小」の二つのサイズがあり、着用に際しては欧米のヘルメットに見られるようなベルトを用いずに、「紐」で古来の兜結びに準じた結束方法で縛り付けるスタイルである。

「鉄帽」は使用しない場合は「背嚢」の「飯盒」の上に重ねて紐で固定するか、紐で背中に背負う形で携帯して、使用に際しては被っている「略帽（戦闘帽）」の庇《ひさし》を後ろにして「略帽」の上から被る。

歩兵の小銃

日本陸軍の一般的な歩兵は小銃として「三八式歩兵銃」と、白兵戦用の銃剣として「三十年式銃剣」を装備している。

これ以外にも歩兵は「歩兵兵器」と呼ばれるカテゴリーで「軽機関銃」「重機関銃」「手榴弾」「擲弾筒」「歩兵砲」等の多種多彩な兵器を装備するが、これは別途取り上げることとする。

以下に「三八式歩兵銃」と「三十年式銃剣」について解説する。

三八式歩兵銃

「三八式歩兵銃」は明治三十八年に制定された口径六・五ミリ、装弾数五発のボルトアクションタイプの歩兵銃であり、前身である明治三十年制定の「三十年式歩兵銃」

の改良型で昭和二十年まで永く陸軍の主力小銃として用いられた。

使用弾薬は「三十年式歩兵銃」用の「三十年式実包」を改良して、円筒形の弾頭部分を先鋭形に変更した「三八式実包」である。

「三八式歩兵銃」のバリエーションには短銃身の「三八式騎銃」、騎兵専用で折畳式の「銃槍」と呼ばれる槍状のスパイクバヨネットを装備した「四四式騎銃」、狙撃用の「狙撃眼鏡」と呼ばれるスコープを装備した「九七式狙撃銃」がある。

なお、「三八式歩兵銃」の読み方は「さんはち」ではなく「さんぱち」である。

これは日本陸軍が兵器機材の呼称において慣例的に「ん」につづく「は行音（は・ひ・ふ・へ・ほ）」を破裂音である「ぱ・ぴ・ぷ・ぺ・ぽ」として濁らして呼称していたためである。この事例は兵器区分では「榴弾砲」は「りゅう

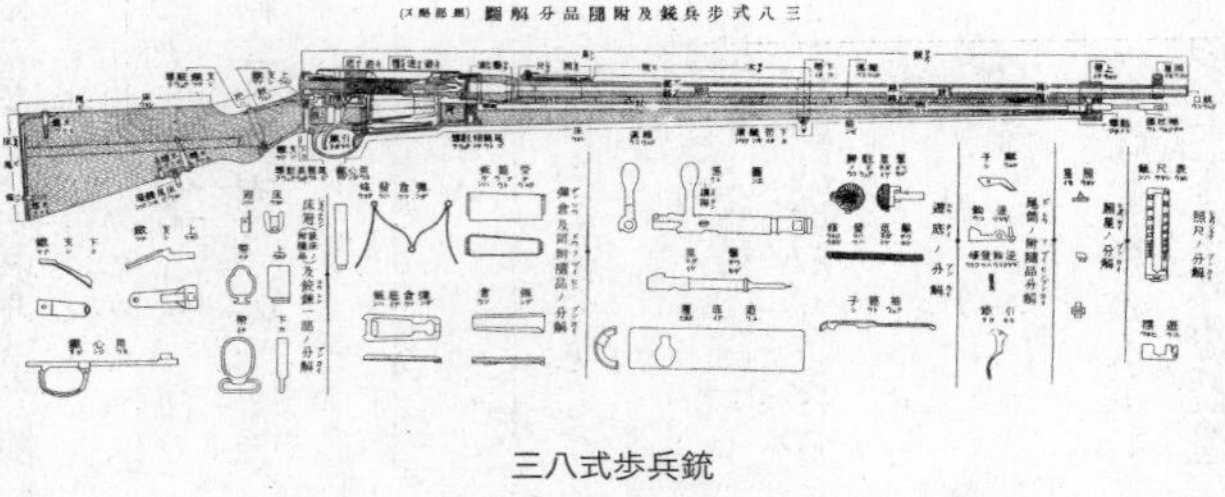

三八式歩兵銃

だんほう」ではなく「りゅうだんぽう」、「山砲」は「さんほう」ではなく「さんぽう」等の呼び方で慣例として用いられている。

のちの昭和十四年になると「三八式歩兵銃」の後継として、新小銃である口径七・七ミリ装弾数五発のボルトアクションタイプの「九九式短小銃」が登場し、「三八式歩兵銃」と並んで昭和二十年まで用いられた。

弾薬は腰に巻く「帯革《たいかく》」と呼ばれる革製ベルトの左右前部に一個ずつ弾薬三十発を収める「前盒《ぜんごう》」と呼ばれる弾薬ポーチ二個と、後面に弾薬六十発を収める「後盒《こうごう》」と呼ばれるポーチ一個で合計百二十発を標準として携行するほか、状況に応じて「雑嚢」や「背嚢」の内部に三十〜六十発の予備弾薬を携行することもある。

弾薬は五発一組で「装弾子」と呼ばれるクリップでまとめられており、三クリップ合計十五発ごとに防水紙製の紙箱に収められており、防湿のために紙箱のまま弾薬盒に収

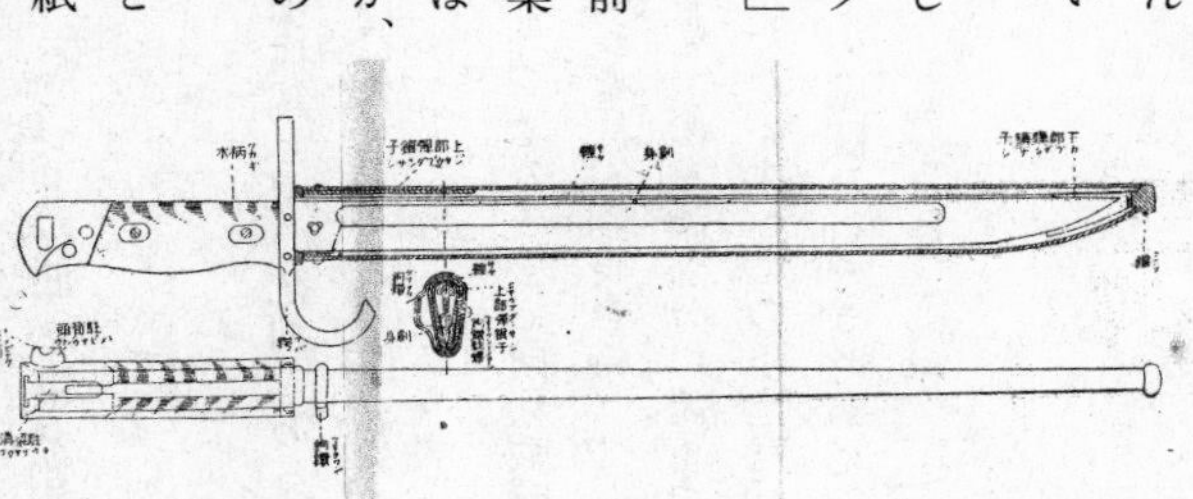

三十年式銃剣

める。

また、「後盒」の側面には「油缶《ゆかん》」と呼ばれる手入れ用の「スピンドル油（常用鉱油）」を収めたブリキ製容器が取り付けられていた。

三十年式銃剣

「三十年式銃剣」は明治三十年に制定された「三十年式歩兵銃」用の銃剣であるが、「三八式歩兵銃」でも用いられた銃剣であり、前述の「三八式騎銃」や「九九式短小銃」にも付けることができた。

「三十年式銃剣」は、小銃先端部に装着（これを「着剣」という）することで白兵戦時に、刺突と漸撃に適した日本刀スタイルの全長四十センチの狭長な片刃剣身を持っており、「日本歩兵」の「銃剣突撃」のトレードマークであり、「革帯」の左腰部分に装着する。

この「三十年式銃剣」は、兵科・各部を問わず小銃を持たないすべての下士官兵が装備しており、小銃を持たない下士官兵には「銃剣」のみでの戦闘を行なうために「短剣術」と呼ばれる近接格闘の教育が行なわれた。

第3話

将校の被服と装備

下士官兵の服装と装備につづき、今回は将校の軍装、図嚢、水筒、双眼鏡、背嚢、軍刀、拳銃等、将校の服装と装備を紹介する

将校の被服と装備

将校の被服は下士官兵の被服と異なり、正装である「正服」と通常の「軍服」の二元体系となっていた。

「正服」は儀式典礼等で着用する正装であり、「軍服」は戦時のほかに通常勤務・訓練等でも着用する被服である。

将校の正装である「正服」は明治四十五年に制定されたものであり、明治十九年制定の「正服」をベースとしたものであった。

昭和期に用いられた将校の軍服は、下士官兵と同じく明治四十五年制定の「明治四十五年制定将校准士官被服」と、昭和十三年制定の「昭和十三年制定将校准士官被

服」であり、両者ともに年次の移行に併せて数次の中小改正が行なわれた。

また被服・装備のすべてが官給品である下士官兵に対して、将校は被服・装備・兵器のすべてが私費による自弁調達であり、陸軍の被服規定に定められた制式の被服・装備・兵器を自己で調達した。

このため、多くの将校は部隊近隣の洋服屋・軍装品店や百貨店等の洋装品コーナーで被服装備を購入したほか、将校団の親睦・互助を目的とした支援団体である「偕行社」でも購入可能であった。

将校の軍装

将校の軍装の装着順序は、「褌」等を着用してから下着である「袴下」「襦袢」「靴下」を着用し、ズボンである「軍袴」とジャケットである「軍衣」を着て、脚部に「長靴」を履く。

「軍袴」はズボン吊（サスペンダー）を用いることが多く、腰部分には軍刀を吊るために「刀帯」と呼ばれる革ベルトを巻くが、後にこの「刀帯」は軍刀の重量と腰への負担分散の目的で「略刀帯」と呼ばれる幅広のベルトが多用されるようになる。

頭部には「軍帽」ないし「略帽（戦闘帽）」を被り、冬季には「外套」ないし「マント」

を着用して、降雨等に際しては「雨覆（レインコート）」を着用した。

将校用の「外套」と「雨覆」はすべて頭巾（フード）付きのダブルボタンタイプであり、「軍刀」を吊るための「脇裂」と呼ばれるスリットが左腰部分に付けられている。

なお、将校の「長靴」使用についてであるが、乗馬を基本とする「騎兵」と異なり「歩兵」の場合、正式には「大隊長（通常「少佐」）」以上が乗馬を行なう「乗馬本分者」

昭和３年に撮影された歩兵第一聯隊所属の歩兵少尉。「明治四十五年制定将校准士官被服」を着用しており、襟には歩兵を示す赤の「襟章」と所属聯隊である「歩兵第一聯隊」を示す「1」の金属製「襟部徽章」が付けられ、足回りは「編上靴」にバックルが２つの「革脚絆」である。装備面では右後腰に図嚢を吊るし、左肩から右後腰に拳銃、右肩から左後腰に水筒を掛け、腰回りに「胴締」と呼ばれるベルトを巻いている。「軍刀」はサーベルタイプの「明治十九年制定将校下士官用軍刀外装」を「刀帯」より下げている。

とされるために「長靴」と「拍車」を装着し、「徒歩」を基本とする「中隊長（通常「大尉」）」と「小隊長（通常「少尉」）」は「編上靴」と「巻脚絆」が制式であるものの、軍公式の儀式・典礼以外は「長靴」を常用するケースが多かった。

将校の装備

昭和５年改正の将校准士官被服を着用する近衛師団隷下の砲兵中尉。腰には「軍刀」ではなく「所謂指揮刀」を吊っており、乗馬本分者であるために茶革製長靴には拍車が付けられている。「軍帽」の星章が一般部隊用ではなく近衛部隊用となっている。

将校の装備としては「図嚢」「水筒」「双眼鏡」「拳銃」「背嚢」が主体であり、被服同様にすべてが自弁調達であった。

図嚢

「図嚢」は革製のマップケースであり、地図・書類のほかに下士官兵の雑嚢同様に日用品等も収容した。

携帯に際しては後腰から吊るか、革紐で肩から腰に吊るした。

水筒

「水筒」はアルミニウム製の本体に布製のカバーがかかり、携帯用の革ないし布製の負紐がカバーについている。

また、本体の口部分には内蓋があり、その上に飲水用のアルミニウム製小型コップがはめ込まれている。

双眼鏡

「双眼鏡」は「双眼鏡嚢」と呼ばれる革製のケースに収められており、携帯に際しては肩から腰部分に吊るすか、状況に応じて前胸部に革ベルトを利用して固定した。

背嚢

「将校背嚢」は実用よりは儀礼的な要素が強く、背嚢の周囲には「外套」ないし「マント」を革ベルトで装着し、「飯盒」は背嚢の背面に装着せずに背嚢内部に収めた。

将校の飯盒は兵用と異なり内容量は一食分の二合であり、炊爨《すいさん》も可能ではあるが通常は弁当箱ないし食器としての使用が主体であった。

その他の装備

その他の装備としては、「鉄帽」「防毒面」等が挙げられる。

「鉄帽」と「防毒面（ガスマスク）」は自弁調達で無く、下士官兵と同一の官給品が将校各個に対して支給された。

また、装備を付けた最後に、装備の動揺防止と固定の目的で「胴締」と呼ばれるベルトを胴部分に装備の上から巻いた。

将校の軍刀と拳銃

将校は被服・装備と同じく、兵器である「刀」と「拳銃」も自弁調達を行ない装備した。

「刀」は一般的に戦時に用いる「軍刀」と、平時に佩用《はいよう》する「指揮刀」があり、通常「軍刀」と呼ばれる刀剣類は陸軍の被服規定上は「刀（とう）」と呼称されていた。

軍刀

「軍刀」は明治建軍期では輸入軍刀が用いられたものの、明治十九年制定の時期より輸入鋼材で刀身を作成したものが製造され、併せて「日清戦争」を前後して国産刀身の出現と、「西南戦争」での戦訓より古来よりの日本刀刀身を仕込んだものが多用されるようになった。

後の昭和期になると、昭和九年の改正で軍刀の外装がサーベルタイプより日本刀式に変更され、さらに昭和十三年に小改正が加えられた。また、将官・佐官・尉官の階級ランクに応じて「刀緒」と呼ばれる脱落防止を兼ねた識別用の組紐を柄部分に装着した。

「軍刀」は市井の「刀剣商」「軍装品店」や「偕行社」等で販売されており、軍制式の外装に対応して「刀身」は購入者が選択する。

軍刀刀身の調達に際しては「刀身」を新たに新調、ないしは陸軍造兵廠製の刀身を購入するほか、私物の日本刀を軍刀に仕立てるケースもあり、これは購入者の意思に任された。

昭和十三年制定軍刀外装。
下が鉄鞘製の制式外装であり、上は木製鞘に革を巻いた通称「略式軍刀」と呼ばれる戦時の略式外装である

また、戦時に限り正式な外装以外に私物の日本刀の携帯も許可されていたが、使用に際しては「刀緒」の装着が規定されていた。このために予備役将校が大量に応召することとなった「支那事変」以降では本来は金属製である鞘を木製として革覆いを付けた通称「略式軍刀外装」と呼ばれる軍刀や、「脇差」等の私物日本刀に「佩環」を付けただけの軍刀も多用された。

「軍刀」は通常は「軍袴」の胴部分に巻いたベルトタイプの「刀帯」ないし「略刀帯」を用いて左腰部分に提げるのを原則とするものの、戦時に際しては紐を用いて背中に背負ったり、通称「ズベラ差し」と呼ばれる古来の武士のように「刀帯」や「胴締」

「軍刀」を持つ将校。左は「昭和十三年制定軍刀外装」、右は所謂「略式軍刀」と呼ばれる戦時略式外装の軍刀

に差し込む場合もあり、「略刀帯」の中にははじめから「軍刀差（別名「ズベラバンド」）」と呼ばれる軍刀の差込口が付けられたものもあった。

指揮刀

「指揮刀」は平時に将校が佩用したサーベルタイプの刀で、多くは実刀身ではなく細身の模造刀身を仕込んだものであり、軍制式の兵器ではないものの明治期より戦時をのぞく平時の勤務・演習等において「指揮刀」は将校間で、その外見と見映えの良さと軽便性の見地より多用されたものであった。

なお、軍制式ではない「指揮刀」に対して、陸軍の公式文章等ではあえて『所謂「指揮刀」』等の表記・表現をする

完全装備の少尉。肩より腰にかけての「図嚢」「水筒」「双眼鏡嚢」「拳銃嚢」等の装備の着用状況がよくわかる

場合もあった。

また、特異な存在として「軍刀」と「指揮刀」の両方を兼ねた「兼用刀」がある。

この「兼用刀」は形状はサーベルタイプの軍刀であり、あらかじめ刃付した刀身を滅刃して平時は「指揮刀」として運用し、有事に際しては「刃付器」により刀身の刃を復活させて「軍刀」として用いることが出来る刀であり、平時の「指揮刀」と戦時の「軍刀」の両方を調達しないで兼用させた主に「予備将校」を対象としたアイデア商品であった。

拳銃

「拳銃」は陸軍の制式拳銃ないし市販されている拳銃を市井の「銃砲店」ないし「偕行社」を経由して購入した。

軍制式拳銃では明治二十六年制定の回転拳銃（リボルバー）である「二十六年式拳銃」、大正十四年制定の自動拳銃（オートマチック）である「十四年式拳銃」、昭和九年制定の自動拳銃である「九四式拳銃」等が挙げられる。

市井市販の拳銃では明治期は輸入された「回転拳銃」が主流であったものの、大正期中頃より「自動拳銃」が装備の主流となり、なかでもベルギー製「ブローニング自動拳銃」の人気が高く、将校拳銃のトレードマーク的な存在であった。

拳銃は「拳銃嚢」と呼ばれる革製のホルスターに収められ、「拳銃嚢」は通常、「嚢」「拳銃サック」「サック」等の名称で呼ばれた。

附属品としてホルスターを腰に固定する「拳銃革帯」と呼ばれるベルトや、予備弾ないし予備弾倉を収める「拳銃弾薬盒」と呼ばれる弾薬ポーチがある。

「拳銃嚢」の装着位置は通常は革ベルトを利用して左肩から右腰後部に回して携帯し、戦闘時は右前腰部分ないし右腰部分に付けた。

第4話

兵営のシステム

日本各地に設置された実働部隊である「歩兵聯隊」の編成及び、「本部」「兵舎」「医務室」「風紀衛兵所」等、平時の生活を送る場所である兵営の構成を紹介する

歩兵聯隊の編成

「歩兵」の兵営は「聯隊」単位で日本各地に設置された。

これは国内に「師団」を設置する「師管区《しかんく》」と呼ばれる管轄区分があり、その隷下に地域警備と徴兵地域区分を兼ねた「聯隊区」と呼ばれるセクションが置かれるとともに、このセクションごとに実働部隊である「歩兵聯隊」が設置された。

以下に「歩兵聯隊」の大まかな編成を「明治から大正中期」、「大正十一年改正」、「昭和十一年改正」の三つの時期に別けて示す。

明治から大正中期

明治より大正中期までの一般的な「歩兵聯隊」の編成はつぎのとおりである。

「聯隊」は指揮機関である「聯隊本部」の隷下に「歩兵大隊」三個を擁している。「聯隊長」は普通「大佐」であり、聯隊の総兵員数は三千名前後である。「歩兵大隊」は指揮機関である「大隊本部」の下に「歩兵中隊」が四個ある。「大隊長」は通常「少佐」であり、大隊の総兵員数は千名前後である。「中隊」は平時では指揮機関である「中隊本部」と、兵員十名から二十名を擁する複数個の「内務班」で編成されており、演習に際しては複数の「内務班」を併せて「小隊」を編成した。

また、中隊は戦時では「中隊本部」要員で中隊の指揮をとる「中隊指揮班」を編成するとともに、「中隊本部付将校（通常「中尉」か「少尉」）」を「小隊長」として三〜四個の「歩兵小隊」が編成された。「中隊長」は通常「大尉」であり、中隊総兵員数は通常二百名前後である。

歩兵聯隊編成　明治から大正中期

聯隊本部	
第一大隊	大隊本部
	第一中隊
	第二中隊
	第三中隊
	第四中隊
第二大隊	大隊本部
	第五中隊
	第六中隊
	第七中隊
	第八中隊
第三大隊	大隊本部
	第九中隊
	第十中隊
	第十一中隊
	第十二中隊

大正十一年改正

大正十一年の軍縮により大規模な人員削減が行なわれ、「歩兵大隊」隷下の「歩兵

歩兵聯隊編成　大正 11 年改正

聯隊本部	
聯隊本部直轄部隊	歩兵砲隊
第一大隊	大隊本部
	第一中隊
	第二中隊
	第三中隊
	第一機関銃中隊
第二大隊	大隊本部
	第四中隊
	第五中隊
	第六中隊
	第二機関銃中隊
第三大隊	大隊本部
	第七中隊
	第八中隊
	第九中隊
	第三機関銃中隊

中隊」数は一個中隊が削減され従来の四個中隊編成より三個中隊編成となった。

削減された歩兵中隊の代わりに、兵器の近代化に対応して「重機関銃」装備の「機関銃中隊」が新設されるとともに、「聯隊本部」の直轄部隊として「歩兵砲」装備の「歩兵砲隊」が新設された。

新設された「機関銃中隊」は通常、「大尉」を指揮官として大正三年制定の「三年式重機関銃」八門を装備していた。

また、「欧州大戦」の戦訓から砲兵に依らない歩兵の直接支援のために「聯隊本部」直轄の「歩兵砲隊」が新設された。この「歩兵砲隊」は通常、「大尉」を指揮官として大正十一年制定の平射タイプの口径三十七ミリ「十一年式平射歩兵砲」二門と、迫撃砲タイプである口径七十ミリの「十一年式曲射歩兵砲」四門を装備していた。

昭和十一年改正

昭和十一年の聯隊編成改編により一般的な「歩兵聯隊」は、つぎのような編成となった。

「聯隊本部」の隷下には本部の直轄部隊として、「歩兵砲中隊」「速射砲中隊」「通信中隊」が新設された。

「歩兵砲中隊」は聯隊直轄の歩兵専属の砲兵であり、「本部」の隷下に通称「聯隊砲（「聯隊歩兵砲」の略称）」と呼ばれる口径七十五ミリの「四一式山砲（歩兵用）」二門を装備する「歩兵砲小隊」二個を擁していた。

「速射砲中隊」は対戦車戦闘を専門とする部隊で、「本部」の隷下に通称「速射砲」と呼ばれる口径三十七ミリの対戦車砲である「九四式三十七粍砲」二門を装備する「小隊」二個を擁していた。

「通信中隊」は聯隊内外との通信連絡に専従する部隊であり、「本部」の下に無線機

歩兵聯隊編成　昭和 11 年改正

聯隊本部	
聯隊本部直轄部隊	歩兵砲中隊
	速射砲中隊
	通信中隊
第一大隊	大隊本部
	第一中隊
	第二中隊
	第三中隊
	第一機関銃中隊
	第一歩兵砲小隊
第二大隊	大隊本部
	第四中隊
	第五中隊
	第六中隊
	第二機関銃中隊
	第二歩兵砲小隊
第三大隊	大隊本部
	第七中隊
	第八中隊
	第九中隊
	第三機関銃中隊
	第三歩兵砲小隊

装備の「無線小隊」と、野戦電話機を装備した「有線小隊」より編成されており、「本部」には軍用犬を持つ「軍犬班」と伝書鳩を持つ「軍鳩班」が設けられていた。

「歩兵大隊」は指揮機関である「大隊本部」の下に「歩兵中隊」三個と機関銃装備の「機関銃中隊」のほかに、新たに「歩兵砲」装備の「歩兵砲小隊」が新設された。

「歩兵大隊」隷下の「機関銃中隊」には従来の「三年式重機関銃」に替わり、新型の口径七・七ミリの「九二式重機関銃」が配備された。

また新たに設置された「歩兵砲小隊」は通常「少尉」を小隊長として平射曲射両用である通称「大隊砲（大隊歩兵砲」の略称）」と呼ばれる口径七十ミリの「九二式歩兵砲」二門が装備された。

兵営の構成

各歩兵聯隊の兵営には、「本部」「兵舎」「厩《うまや》」「砲廠」「格納庫」「車廠」「弾薬庫」「医務室」「獣医事務室」「工場」「風紀衛兵所」「営倉」「面会所」「酒保」「集会所」「倉庫」「炊事場」「浴場」等と「付属施設」がある。

以下にこれらの兵営の主要な施設について解説を行なう。

本部

「本部」は聯隊の指揮機関である「聯隊本部」のほかに、隷下の三つの「歩兵大隊」ごとに指揮機関である「大隊本部」が設置されていた。

兵舎

「兵舎」は将兵が平時に起居する生活空間であり、多くの「兵舎」は二階建てであり一棟に一個中隊が収容された。

厩

「厩」は「軍馬」を収容するための施設であり、多くは木造平屋建で一棟宛に三十〜五十頭の軍馬を収容する。

「歩兵聯隊」の場合、各種歩兵砲や器材の運搬用の駄馬が中心である。

医務室

兵営内での衛生管理と病人発生に備えて「軍医」と「衛生兵」が常駐している。患者が軽度の疾病である場合は「医務室」に併設された「病室」に入室して治療・養生を行ない、病状が重い場合は部隊近隣の「陸軍病院」に搬送される。

風紀衛兵所

「衛兵所」は営門の脇にあり兵営へ出入りする者を監視するとともに、兵営内の秩序維持を行なう「風紀衛兵」の詰所を兼ねている。

「風紀衛兵」は聯隊隷下の各中隊が週単位で交代して勤務するもので、二十四時間体制の勤務で兵営内を巡回して規律維持・警戒・火災予防等を行なう。

営倉

「営倉」は部隊内で不祥時を起こした謹慎対象者や、犯罪者で処分未決定の者を一時的に拘留する施設で、監視の便より「衛兵所」の裏側に設置されていた。

昭和 11 年に撮影された「歩兵第三十一聯隊」の兵営。3 個大隊の合計 3000 名以上の将兵を擁する兵営の大きさのわかる 1 枚である。明治 29 年に「弘前」に創設された聯隊であり通称「弘前聯隊」と呼ばれた

「歩兵第三十一聯隊」の正門。
営門の左右には「哨舎」と呼ばれる「歩哨」の勤務用ポストが設けられており、門内右側には「衛兵所」がある

面会所

「面会所」は兵営の将校下士官兵に対しての外部より面会者に対応する施設であり、「衛兵所」に併設していた。

酒保

兵営内にある売店であり、将兵に対して日用品や嗜好品等を市井の販売価格より安価に販売している。

原則は部隊による経営であるが、部隊によっては部隊が契約した民間業に経営を委託するケースもある。

集会所

将校・下士官の集会・研修・会合等に用いられる施設であり、将校用の「将校集会所」と下士官用の「下士官集会所」に別れる。

兵営の将校は「将校集会所」で会食のス

「歩兵第三十一聯隊」の「聯隊本部」。「聯隊本部」の棟に「第三大隊本部」が併設されており正面に２つの入り口がある。正面右が「聯隊本部」で左が「第三大隊本部」である

タイルでの「兵食」とは異なる出入業者により提供される昼食をとる。
また、下士官は「酒保」で購入した飲食物は「酒保」内で喫食せず、「下士官集会所」内で喫食することとなっており、部隊によっては「酒保」建物二階が「下士官集会所」になっている場合も多い。

炊事場

炊事場は「兵食」と呼ばれる下士官兵用の食事を調理する場所であり、当初は薪・石炭を熱源としていたが大正中期ごろより部隊にある「機械室」に設置されたボイラーで製造される蒸気を利用した炊事システムが多用されるようになった。

浴場

浴場は階級により将校用・下士官用・兵用の三

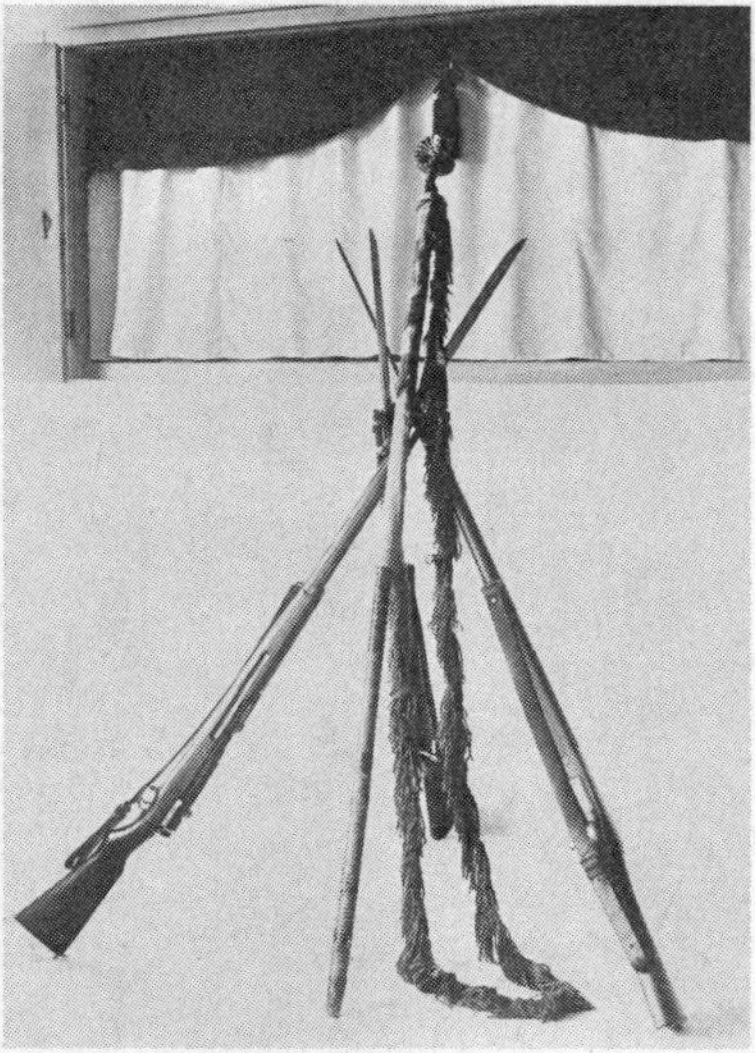

「歩兵第三十一聯隊軍旗」。明治 31 年 3 月 24 日に親授された。「軍旗」は通常「聯隊本部」にある「聯隊長室」に隣接した「軍旗奉安室」で保管される

種類がある。

下士官用・兵用は同一の建物で浴室のみが別になっており、将校用は「将校集会所」内に設けられている。

付属施設

「兵営」の付属施設には「洗面洗濯所」「物干場」「厠《かわや》」等があり、「兵舎」等の建築物一棟に対して一個宛に隣接して設置されていた。

「洗面洗濯所」は洗面と洗濯を行なうための水場であり、壁の無い屋根のみの建屋にコンクリート製の洗い場と水道が設けられていた。

「物干場」は洗濯物や装具の乾燥を行なう場所であり「物干場」は「ものほしば」ではなく陸軍独特の呼称で「ぶっかんば」と読む。

「厠」は便所の陸軍名称であり、ほとんどの便所が水洗式ではなく汲取式であり、衛生面を顧慮して兵舎内に設けず「兵舎」に隣接して設置されていた。

第5話

兵舎と内務班❶

兵舎、内務班の構成、階級の呼称、内務班の設備、営外居住、平時及び戦時の中隊編成等、下士官兵の生活の場である兵舎と内務班を紹介する

中隊と兵舎

歩兵聯隊の将兵の生活空間である「兵舎」は中隊単位で設置されており、多くの兵舎のスタイルは二階建てであった。

「兵舎」の内部には中隊の指揮機関である「中隊本部」が平時の執務を行なう「中隊事務室」があり、将校用として個室である「中隊長（通常「大尉」）」の執務室兼居室である「中隊長室」と、「隊附将校（「中尉」「少尉」「見習士官」）」の執務室兼居室である「将校室」があった。

「下士官」は将校同様に独立した「下士官室」があり、「曹長」が個室、「軍曹」と「伍長」は相部屋ないし個室であった。

「兵」は各「内務班（後述）」単位で「兵室」と呼ばれる、建物中央を貫く廊下を挟んで左右対称に兵員の居室が設けられている場合が多かった。

このほかに「兵舎」内には、教育用の「講堂」や各種資機材や消耗品を収めた「倉庫」等があった。

また、「兵舎」には隣接した付属設備として、「洗面洗濯所」「厠《かわや》」と洗濯物乾燥のための「物干場《ぶつかんば》」がある。

内務班の構成

通常「内務班」は「軍曹」の階級を持つ下士官を「内務班長」として、十名〜二十名の兵員で構成される。

また、中隊下士官（通常「伍長」）が「班付下士官」として「班長」のサポートにあたるほか、「二年兵」のなかで成績優秀な「上等兵」が「班付上等兵」となり「内務班長」の支援にあたった。

徴兵による二年間の兵役システムを採用していた日本陸軍では、徴兵検査に合格して入営した新兵には「二等兵」の階級を付与して「初年兵」と呼び、二年目の兵隊に対しては「一等兵」の階級を付与して「二年兵」ないし「古兵」と呼ばれ、成績優秀な者は「上等兵」へ進むことが出来た。

階級の呼称について

軍隊での相手の呼称は、自分より上の階級者には「氏名」と「階級」の後に『殿』をつけ、自分より下の階級のものには「氏名」と「階級」で呼称する規定となっており、同じ階級同士は「○○」と名前を呼称した。また、自己の呼称は「自分」ないし「○○」と名前そのものが用いられた。

「大将」「中将」「少将」の「将官」に対しては「閣下」、皇族には「殿下」の呼称が用いられた。

実際の内務班生活では兵隊同士で名前を呼ぶ場合、「二年兵（一等兵）」が「初年兵（二等兵）」を呼ぶ場合は「○○二等兵」ないし「○○」と氏名のみを呼び、「初年兵」が「二年兵」ないし「三年兵」以上の古参兵を呼ぶ場合、「○○古兵殿」ないし「○○二年兵殿」と呼び、相手が三年の軍歴がある場合は「○○古兵殿」ないしは「○○三年兵殿」と軍歴の年数をつけて呼んだ。「上等兵」に対しては「○○上等兵殿」の呼称が用いられた。

「下士官」に対する下級者よりの呼称は「伍長」「軍曹」には「○○班長殿」、「曹長」の場合は「○○曹長殿」と氏名を冠しての呼称が用いられた。

また、下級者の将校に対する呼称は、「聯隊長」「大隊長」「中隊長」に対しては「聯隊長殿」「大隊長殿」「中隊長殿」と呼称し、「隊附将校」に対しては「○○教官殿」と呼んだ。

内務班の設備

下士官兵の生活の場である内務班は兵員各個の専有面積を四〜五平方メートル・容積として十五〜十六立方メートルを基準として建設されており、併せて空調設備がほぼ皆無の時代であったために換気用の窓が大きめに取られるとともに、衛生面を顧慮して積極的に太陽光線がとり入れられるように作られていた。また、各兵舎は戦時動員を顧慮して当初から多数の将兵を収容できるように、広めに作られていた。

この「内務班」では、被服・装備は勿論のこと、消耗品である日用品を除いて全てが「官給」と呼ばれる軍からの支給品であった。

兵員各個に被服・装備はもとより「寝台」と呼ばれる就寝用のベッドと「敷布」「枕」「毛布」といった寝具が与えられ、寝台に面した壁面には被服装備を収める棚とフックが設置されており、棚上には「手箱」と呼ばれる日用品や私物や小物類を収める木製の収納ボックスが各自に一個宛支給されていた。

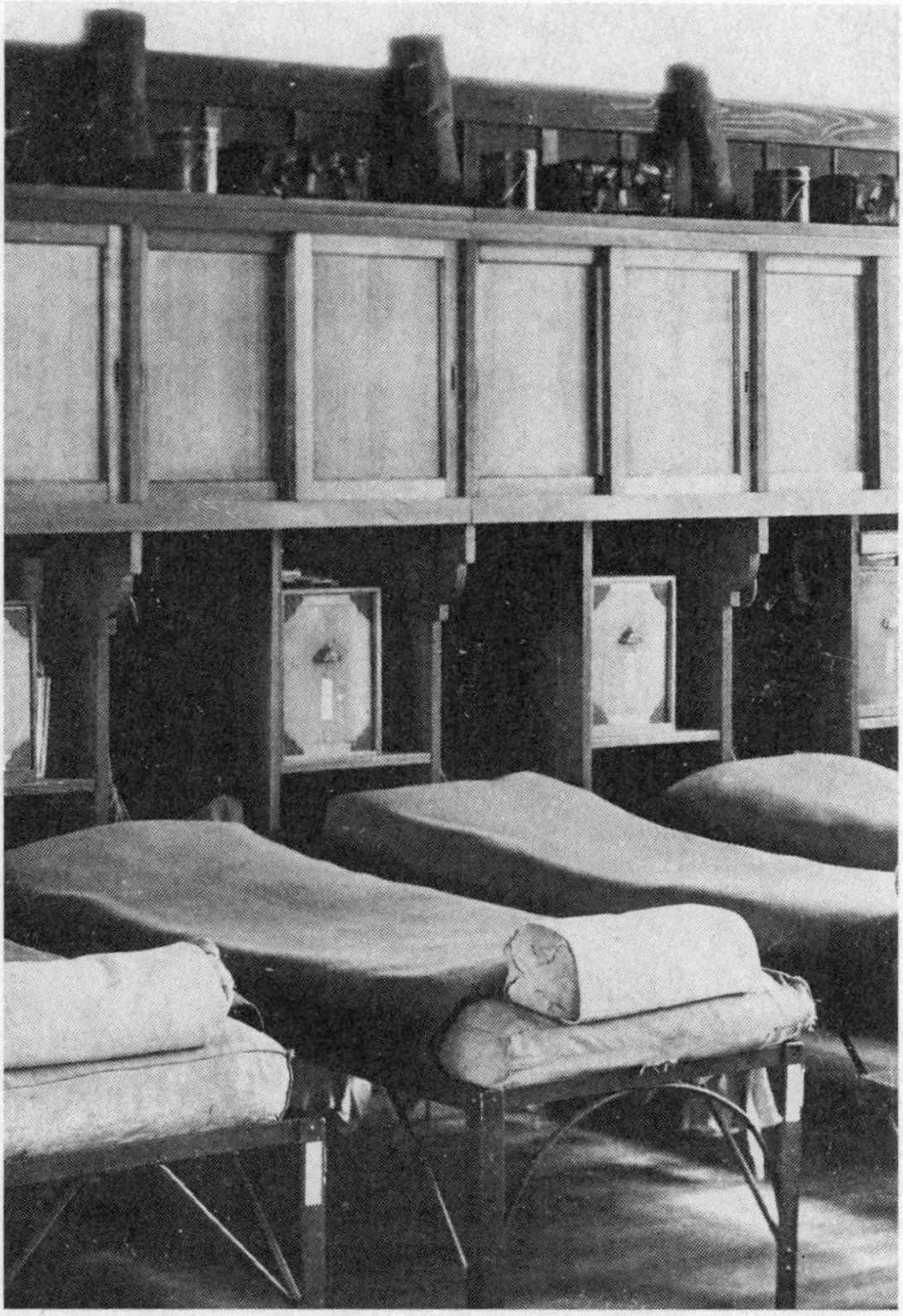

内務班の備品。手前に就寝用の「寝台」があり、壁面には作り付けの収納棚が作られており、各個に支給される被服・装備等を収められるようになっている。なお、棚の下段には「手箱」と呼ばれる小物・私物を入れる木製の収納ボックスが見られる

通常内務班での生活は「二年兵」と「初年兵」が隣同士の「寝台」で起居するケースが多く、「二年兵」と「初年兵」に軍隊生活の基本ルールを教える反面、「初年兵」は「二年兵」の洗濯・装具手入れをはじめとする身の回りの面倒を見る生活スタイルがとられていた。

部隊によってはこの「二年兵」と「初年兵」のペアを「寝台戦友」と呼ぶ場合もあった。

一般的に「内務班」内部のレイアウトは班中央の通路を挟んで左右に「寝台」があり、寝台の間に作業・食事に使う「机（六人用）」と呼ばれる木製机と、「腰掛大」と呼ばれる三人用の木製椅子が置かれており、各内務班の入り口近くには「銃架」と呼ばれる小銃を立て掛けるラックと、「靴箱」が設置されていた。

兵員の被服は平時の生活や訓練は、通称「営内服」と呼ばれる使い古しの軍服が用いられることが多く、多くの場合階級章・徽章類を付けずに着用されるケースが多く、営内での生活では足元は「上靴《じようか》」と呼ばれる革製のスリッパが用いられた。

冬季には「ストーブ」「火鉢」等の暖房器具が設置され、満洲・朝鮮・支那等の極寒地に在る兵営では「ペチカ」「オンドル」等の暖房装置が設置されたほか、防寒を目的として窓が二重窓になっているケースもあった。

このほか火災予防の観点から兵営内には消火器・防火用水が各所に設置され、喫煙

昭和 17 年に撮影された内務班の様子。写真中央に軍曹の階級を持つ「内務班長」がおり、右には伍長の「班附下士官」がいる。戦時体制下のため、窓ガラスには空襲に備えて飛散防止用に紙が貼られている

場所の指定と喫煙後の煙草の吸殻・マッチの完全消火の徹底が義務づけられていた。

営外居住

将校と古参下士官は兵営内ではなく、「営外居住」と呼ばれる兵営外にある住居から兵営に通勤するスタイルをとっていた。

多くの場合、将校と下士官のうち既婚者は賃貸住宅を利用し、独身の将校と下士官は下宿での生活パターンが多く、部隊近郊にあるこれらの賃貸住宅や下宿は将校団の外郭支援団体である「偕行社」指定ないし部隊指定の物件が多

かった。

食事面では将校は朝食と夕食を自宅ないし下宿等でとり、昼食のみを部隊の「将校集会所」で会食スタイルで食べた。

下士官も同じく朝食と夕食は自宅・下宿等でとり、昼食は部隊で下士官兵用の「兵食」を下士官室で食べるか、「下士集会所」の食堂でとった。

平時と戦時の中隊編成

平時の中隊は、訓練・演習に際して「中隊本部」の要員で「中隊長」を核として指揮機関である「中隊指揮班」を編成するとともに、中隊本部附将校の「中尉」「少尉」を小隊長として、複数の内務班を併せて三〜四個前後の「小隊」を編成した。

戦時における「歩兵中隊」の編成は、部隊の将兵のほかに予備役の動員や他部隊からの増援を受けて中隊の兵員数を平時より戦時体制に増員するとともに、中隊長をメインとして「中隊本部」の要員で中隊の統括指揮を行なう「中隊指揮班」を編成し、その隷下に「中尉」ないし「少尉」を隊長とする三〜四個の「歩兵小隊」を編成する。

「歩兵小隊」の編成は昭和十一年の時点では、小隊長の隷下に「歩兵分隊」四個を擁していた。「小隊長」には隷下の分隊より兵員一名が抽出されて、「当番兵」を兼ねた

「伝令」として勤務した。

各分隊は「軍曹」ないし「伍長」の階級の「下士官」を分隊長として、十〜十五名の兵員を擁しており、通常「第一分隊」から「第三分隊」は「軽機関銃」一梃と「小銃」を装備しており、「第四分隊」は他の分隊を「擲弾筒」で支援する火力支援分隊で「重擲弾筒」二〜三筒を装備した。ただし実際の編成における警備部隊や後方部隊等では「軽機関銃」の不足から「第三分隊」は「軽機関銃」が欠如で小銃のみの編成のケースも多くあった。

「軽機関銃」は通称「軽機」と呼ばれて当初「十一年式軽機関銃（通称「十一年式軽機」）」が装備されており、「擲弾筒」は通称「重擲」と呼ばれる「八九式重擲弾筒」である。

「軽機関銃」は後に新型の「九六式軽機関銃（通称「九六式軽機」「新式軽機関銃」）」が登場するととも

初年兵に対する小銃の射撃姿勢の教育の様子

に、部隊により小銃が従来の「三八式歩兵銃」から新型新口径の「九九式短小銃」になると、併せて軽機関銃も「九九式軽機関銃（通称「九九式軽機」「最新式軽機関銃」）」が装備された。

戦時の中隊編成

中隊指揮班	
第一小隊	第一分隊（軽機関銃）
	第二分隊（軽機関銃）
	第三分隊（軽機関銃）
	第四分隊（擲弾筒）
第二小隊	第一分隊（軽機関銃）
	第二分隊（軽機関銃）
	第三分隊（軽機関銃）
	第四分隊（擲弾筒）
第三小隊	第一分隊（軽機関銃）
	第二分隊（軽機関銃）
	第三分隊（軽機関銃）
	第四分隊（擲弾筒）

第6話

兵舎と内務班❷

起床、日朝点呼、朝食、演習、昼食、入浴、夕食等、下士官兵の生活の場である兵営内の内務班における一日を紹介する

内務班の一日

一般的な兵営生活の一日の流れを、以下のように下士官兵の起床から消灯までをタイムラインに沿って示してみる。

起床

起床ラッパの合図で全員がそろって起床して、寝具を畳んでから被服を身につける。この際に内務班の窓は換気を兼ねて全開にする。

その後、兵舎に隣接する「洗濯洗面所」で洗顔・歯磨を行なった後に、各内務班に戻り「日朝点呼」と呼ばれる朝の点呼を行なう。

起床時間は通常午前五時から六時であり、季節や地域により一時間前後の差異があ

り詳細の時間は適宜に部隊長が定める。

日朝点呼

起床動作の終了後に、「週番士官」の立ち会いのもとに各「内務班」単位で人員点呼が行なわれる。点呼の終了後から朝食間に、各「内務班」単位で内務班内部と兵舎・兵営内の清掃が行なわれ、併せて馬匹を使用する部隊では「厩」での馬匹の世話が行なわれた。

朝食

午前六時半〜七時半に「朝食」がとられた。食事に際しては、食事のラッパを合図にして朝昼晩ごとに「飯上げ」と呼ばれる上等兵に引率された数名の初年兵が「炊事場」に出向いて、各内務班ごとに配食容器に収められた食事の受領に向かい、その間に残りの班員が食卓・食器の準備を行なう。内務班に戻り配食容器より各個の食器に配食が終われば、内務班の全員がそろって食事をとる。この際、下士官である「内務班長」と「内務班附下

日朝点呼後の清掃に際して兵庭の花壇の手入れを行なう初年兵

士官」は自室である「下士官室」でとる場合が多く、また営外居住の下士官は「下士官集会所」で昼食をとる。

食事終了後は、食卓の清拭と併せて「洗濯洗面所」で配食容器と食器の洗浄を行ない、食器は各個ごとに内務班に戻して、配食容器は炊事場に返却する。

基本的な朝食は「副食」抜きのスタイルが多く、主食の「米麦飯」二合と味噌汁等の「汁物」と沢庵等の「漬物」とヤカンに入れた茶湯が毎食提供された。

診断

聯隊では毎月一回のサイクルで、中隊ごとに軍医による健康診断と診察があった。

また、体調不良の者は「日朝点呼」の際に内務班長に申告することで、聯隊内にある「医務室」で軍医の診察を受けることが出来、病状によって内務班内に戻り休養をするほか、「入室」と呼ばれる「医務室」の寝台に就寝しての治療が行なわれ、病状が重い場合は聯隊近郊の「陸軍衛戍病院（後に「陸軍病院」）に搬送されて入院した。

演習

下士官兵に対する各種の教練・教育は、通常は部隊の「営庭」ないし隣接した「演習場」で行なわれた。

午前中では朝食と昼食間、午後では昼食と夕食間に行なわれるのが普通であり、状況に応じて午前から午後まで通しての教練や夜間演習等がある。

昼食

正午になると昼食となり夕食と同様に、主食の「米麦飯」「汁物」「副食」「漬物」「茶湯」の一汁一菜のスタイルであるが、時期により「汁物」を省略するケースも多くあった。

演習場で午前から午後まで通しての演習・訓練の場合の昼食は、各自が「飯盒」等で携帯してきた弁当を用いるか「飯盒炊爨」を行ない、夜間演習の場合は「夜食」が提供された。昼食は夕食と同様に、主食の「米麦飯」「汁物」「副食」「漬物」「茶湯」の一汁一菜のスタイルであるが、時期により「汁物」を省略するケースも多くあった。

入浴

午後四時～六時は入浴時間であり、大人数の将兵を擁する聯隊では、あらかじめ時

「歩兵第三十四聯隊」の内務班内での「兵器手入」の状況

「モダン兵舎」と呼ばれた空から見た「歩兵第三聯隊」の新兵舎。地上３階地下１階の鉄筋コンクリート製であり、『日』の字をモチーフにしていることがよくわかる

間を決めた交代制での中隊単位の入浴が行なわれた。

浴場は下士官用浴場と兵用浴場があり、浴場の内部は脱衣を行なう脱衣所と浴槽のある浴室に分かれていた。

また、将校は当直や演習等に備えて「将校集会所」の内部に将校用浴場があった。

夕食

夕食は午後五時～六時であり、一汁一菜のスタイルである主食の「米麦飯」「汁物」「副食」「漬物」「茶湯」が提供された。

主食は「米麦飯」がメインであるが、ほかに「混飯」「炊込飯」等があり、副食も和洋中の各種料理が豊富にあり、時には「トンカツ」「カレー」「コロッケ」等の市井ではまだ珍しい料理も食卓にのぼることがあった。

また、大正中期より週一回のパン食の提供が奨励されるようになると、各部隊では週一回の割合でパン食が提供されたほか、副食として洋風のシチューが提供されるケースもあった。

休憩

夕食後の六時～八時の時間帯は休憩時間であり、兵員各自は自習のほかに「酒保」と呼ばれる売店に行ったり、家庭に手紙を書くなどの時間となっていたが、初年兵の場合は装備の手入れ・補修のほかに洗濯や翌日の準備等に費やされる場合が多かった。

日夕点呼

「日夕点呼」は消灯前の午後八時前後に行なわれる点呼で、「日朝点呼」と同じく週番士官の立ち会いの下に各内務班単位で人員点呼が行なわれる。

この時に、翌日の訓練や作業内容の伝達が行なわれた。

消灯

午後八時半～九時半になると、各内務班単位で各個の「寝台」に寝具を準備して、就寝準備が行なわれ、就寝に際しては「消灯ラッパ」の合図で各内務班は室内の電気

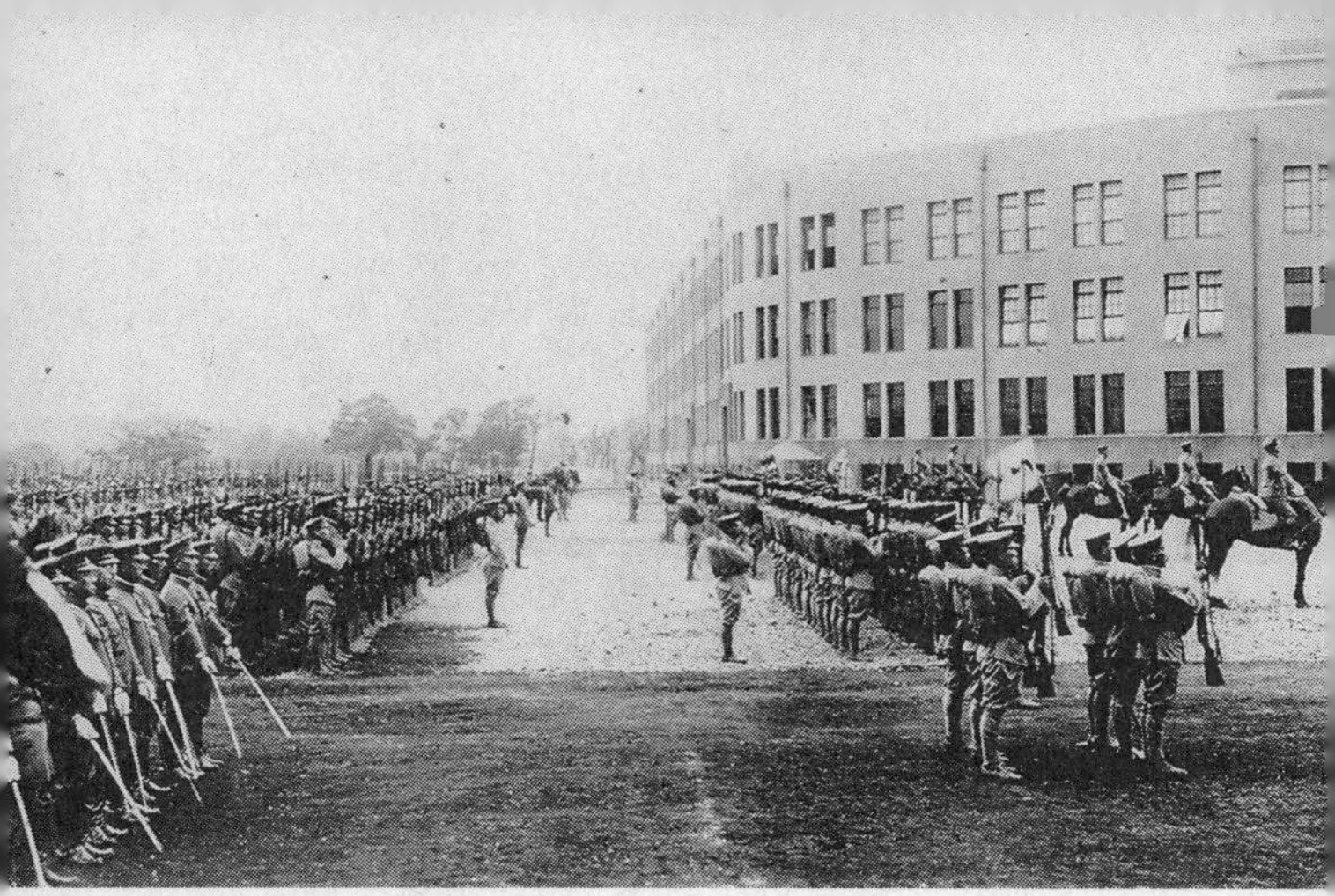

「歩兵第三聯隊」の兵舎前での検閲の様子。「歩兵第三聯隊」の新兵舎の大きさがわかる一葉である

を消して一斉に寝台にもぐりこみ就寝する。消灯時間は起床時間と同じく季節や地域により一時間前後の差異があり、これは部隊長が定める。

なお、陸軍では「寝間着」は無いために、将兵は「軍衣」「軍袴」「靴下」を脱いで「襦袢」「跨下」のスタイルで就寝する。

不寝番

消灯後より起床までの時間は夜間警戒・防火の目的で、中隊ごとに「不寝番」を立てて警戒が行なわれた。

「不寝番」は中隊隷下の各内務班が交代で受け持ち、二名の兵隊が一時間交代で兵営内外の見回りに従事した。

「不寝番」の主任務は不審者に対する

侵入警戒と火災予防であり、とくに支那・満洲・朝鮮等の外地に駐留する部隊では戦時と同等の警戒が採られた。

モダン兵舎と呼ばれた歩兵第三聯隊の新兵舎

陸軍の内地の兵舎の多くは木造であるが、昭和期になると陸軍のモデル兵舎として当時の近代建築の粋を集めて東京麻布にあった「歩兵第三聯隊」の兵舎が新築された。これは関東大震災の復興建築計画の一つに「歩兵第三聯隊」の兵舎建設があり、この新兵舎は日本初の鉄筋コンクリート製で階層は地上三階地下一階であり、昭和三年八月に完成した。

この新兵舎は上から見ると『日本』の『日』と見えるようにデザインされており、兵舎一階と二階部分の『日』の字の三本の横棒のように上から「第一大隊」「第二大隊」「第三大隊」の将兵が三列に収容されており、三階部分は各種工場と倉庫に充当されていた。

各種付属設備が別棟であった当時の一般的な兵舎と異なり、馬匹を収容する「厩」以外がすべて一つの建物に集約されたスタイルをとっていた。当時は一般的兵舎からかけ離れた近代的スタイルを持つこの兵舎は「モダン兵舎」と呼ばれた。

兵営の一日の日課

	日課	時間	詳細
午前	起床	5:00～6:00	起床後は直ちに服装を整えて、寝具を整頓する
午前	日朝点呼	起床直後	内務班内で週番士官の立会のもとに、内務班長の指揮で人員点呼を行なう 点呼終了後に、内務班内の清掃・兵器手入・馬匹手入れ・訓練等を行なう
午前	朝食	6:30～7:30	朝食終了後に、その日の日課の準備を行なう
午前	演習	午前～午後	入隊直後は営内での学術科と、基本訓練を行ない、教育の進捗に伴い野外での行軍や演習や夜間演習を行なう
午前	診断	午前	月に1度、中隊ごとに軍医の診察と健康診断を行なう 患者はこの間に医務室で診察を受ける
	昼食	正午	午前より午後まで連続して演習等の場合は、弁当や野外炊爨を行なう
午後	会報	午後	曹長ないし週番日直下士官が聯隊本部に集合して受領する
午後	入浴	4:00～7:00	保健・衛生の見地から、全員が毎日入浴するようにする
午後	夕食	5:00～6:00	演習終了後に兵器・機材・馬匹の手入れを行ない、夕食時間前に内務班の整理整頓を済ませる
午後	休憩	6:00～8:00	自習や家庭への通信等 酒保へ行くことも可能
午後	日夕点呼	8:00前後	日朝点呼と同一の点呼 命令や訓示の伝達
午後	消灯	8:30～9:30	不寝番以外は全員が就寝 不寝番は消灯後1時間交代で兵舎内を巡視する 厩当番は厩で馬匹の保護を行なう

兵舎内部にはエレベーターと清掃用のダスターシュートが完備されているほか、兵舎三階には大隊単位の将兵が収容可能な「大食堂兼大講堂」があり、一階の炊事場で作られた食事はエレベーターを用いて各階へ配食された。

半地下式の地下一階には各中隊用の「洗濯洗面所」と「厠」が集約されて設置されていたほか、「浴室」と「洗濯室」とスチームボイラーを備えた「汽缶室」があり、スチームは炊事・入浴のほかに冬季の暖房にも利用された。

また、「酒保」と「下士集会所」は二階にあり、「将校集会所」と「将校用調理室」は三階にあった。

そして、戦時の大規模動員に備えて、建設当初より各内務班の兵室の近隣に「予備室」の名称で、あらかじめ多くの空部屋が設けられていた。

「歩兵第三聯隊」の兵舎内の内庭よりの眺望。地下が半地下式になっている様子がわかる

「歩兵第三聯隊」の地下１階にあったスチーム利用の「洗濯室」

第7話 兵営生活の詳細❶

「兵舎と内務班」につづき、「就寝と起床」「洗面洗濯所」「日朝点呼」や、「衛生状態の一例」等、兵営生活の詳細を紹介する

就寝と起床

陸軍の下士兵卒用の寝具は「寝台」と呼ばれたベッドのほかに、附属品として「毛布」「包布」「布団」「敷布」「枕」「枕覆」「蚊帳」がある。

金属製の「寝台」には混用防止のために各個の名前を書いたタグが付けられており、寝台下の梁部分は洗濯した手拭・靴下・襟布等の乾燥に用いる。

「布団」は藁を内部に収めた敷布団であり「敷布」と呼ばれた「シーツ」を掛け、「毛布」には「包布」と呼ばれた毛布カバーを付け、「枕」には「枕覆」と呼ばれた枕カバーを装着した。

就寝の方法は軍隊独自のスタイルであり、寝台上に寝袋のように袋状にセッティン

グした毛布の中に潜り込んで就寝した。この就寝時に陸軍では寝間着が存在しないために将兵は「襦袢」「袴下」のスタイルで就寝して、冬季には防寒を兼ねて「軍衣」「軍袴」を毛布の上にかける。

また、夏季には蚊に備えて就寝前に寝台に「蚊帳」を吊り、起床後は蚊帳をたたむ。そして、「蚊取線香」を焚く場合は、火災と一酸化中毒に対しての厳重な注意が払われた。

起床時刻は通常午前五時（夏季）～六時（冬季）であり、起床に際しては「喇叭手」の吹く「起床号音（起床ラッパ）」の合図で一斉に起床する。起床後は窓を全開にして室内換気を行なうとともに、寝具をたたんでから、素早く「靴下」「軍袴」「軍衣」を身に着ける。

洗濯洗面所

起床につづいて、下士官兵は兵舎に隣接した「洗濯洗面所」で洗面と歯磨きを行なう。「洗濯洗面所」にはコンクリート製（初期は木製）の水道を併設した複数の「洗濯洗面台」があり、「洗濯洗面台」の手前は手洗・洗面・歯磨等に用いる流場があり、後方に洗濯用に水を溜めるための貯水槽が設備されていた。

なお、洗濯洗面所は水道設備がない場合は、洗面所の端に井戸を併設したコンクリー

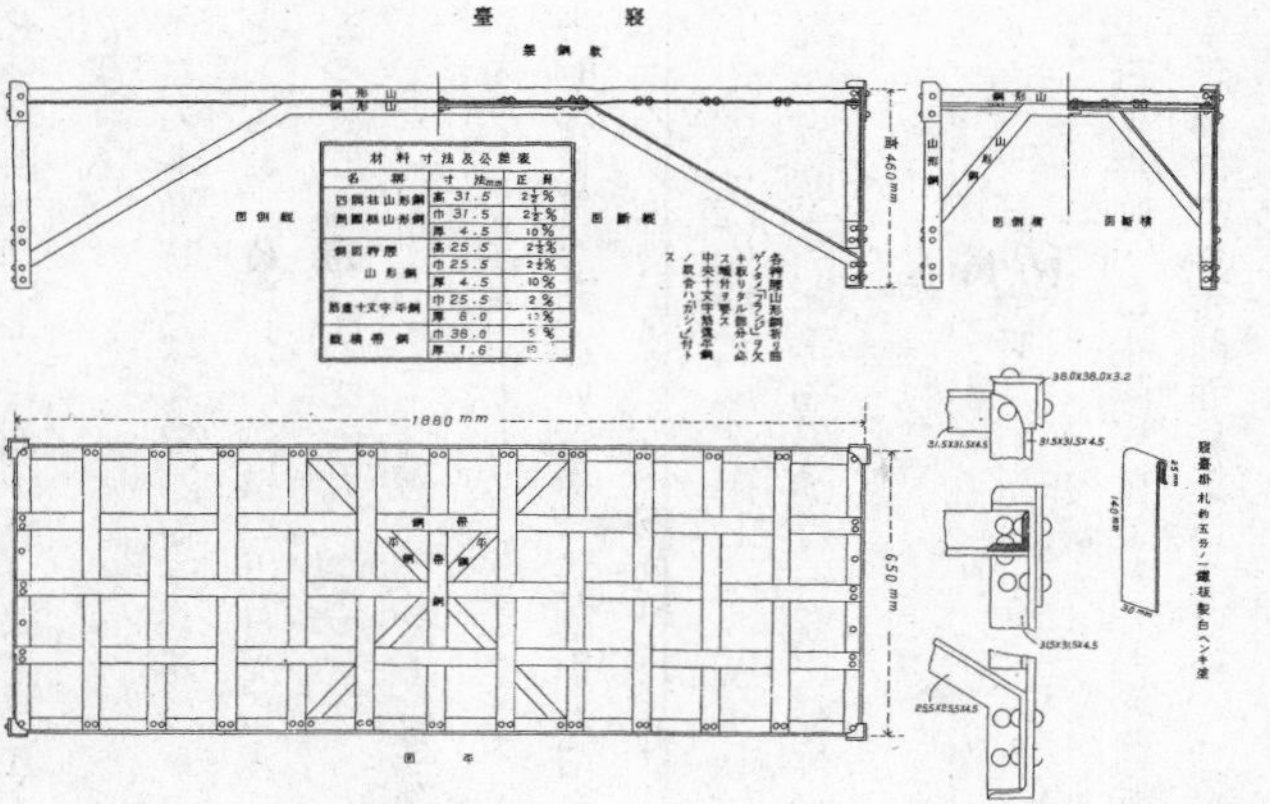

トないし木製の貯水槽があった。

洗面に際しては衛生面から石鹼の使用が奨励されており、まず初めに手と指とを洗い、つづいて口をすすいでから顔と首を洗い、この際に鼻耳内の洗浄も併せて行ない、最後に歯を磨く。

歯を磨く場合は、まず清潔な冷水で二〜三回ほど口腔をすすいでから、水を浸した歯ブラシに歯磨粉を付けて歯を磨き、最後に二〜三回程度口をゆすぐ。この歯磨きは起床後のほかに、就寝前にも行なうことが奨励されていた。

手洗・洗面に用いる石鹼はセルロイド製の石鹼ケースに収められている場合が多く、「歯磨粉」の形態は紙袋ないし紙箱に入った「粉磨粉」が主流であり、昭和期に入ると金属性チューブに入った「練歯磨き」が出現する。

この洗面時には水の節約が心がけられるとともに、使用後の手拭いは日光による完全乾燥が規定されていた。

なお、「初年兵」の場合は多忙な勤務や古参兵の世話に追われて、結果として洗顔・歯磨等を行なわない者や、洗濯や入浴を省略するケースも多く、「内務班長」は時として洗濯洗面所に顔を出して「初年兵」の洗顔・歯磨きや、洗濯の励行の監視を行なった。

日朝点呼

「日朝点呼」は中隊単位で行なわれる朝の点呼であり、起床後に洗面を終えてから各中隊単位で兵舎前面に集合するか、兵舎内の各内務班ごとに行なわれた。

起床の状況。起床後に毛布をたたんでおり、右手前の兵員は、点呼後にある作業にそなえて、すでに綿製の作業衣を身に着けている

巡回して来る「週番士官」と各中隊附の「週番下士官」に対して、中隊隷下の勤務等による欠席者以外の全員が整列して、内務班単位で「週番士官」に対して「内務班長」が班員の点呼の後に人員の申告を行ない人員検査が行なわれた。

また、体調不良等の者はその旨をこの際に申し出る。

清掃

清掃は日朝点呼後に行なわれ、各内務班は班内外の清掃と併せて、倉庫等の各班受持ちの清掃担当区域の清掃を行なう。

また、馬匹担当者と呼ばれる軍馬の世話をする者は、清掃を行なわない代わりに軍馬を収容している「厩」へ赴き馬匹の世話

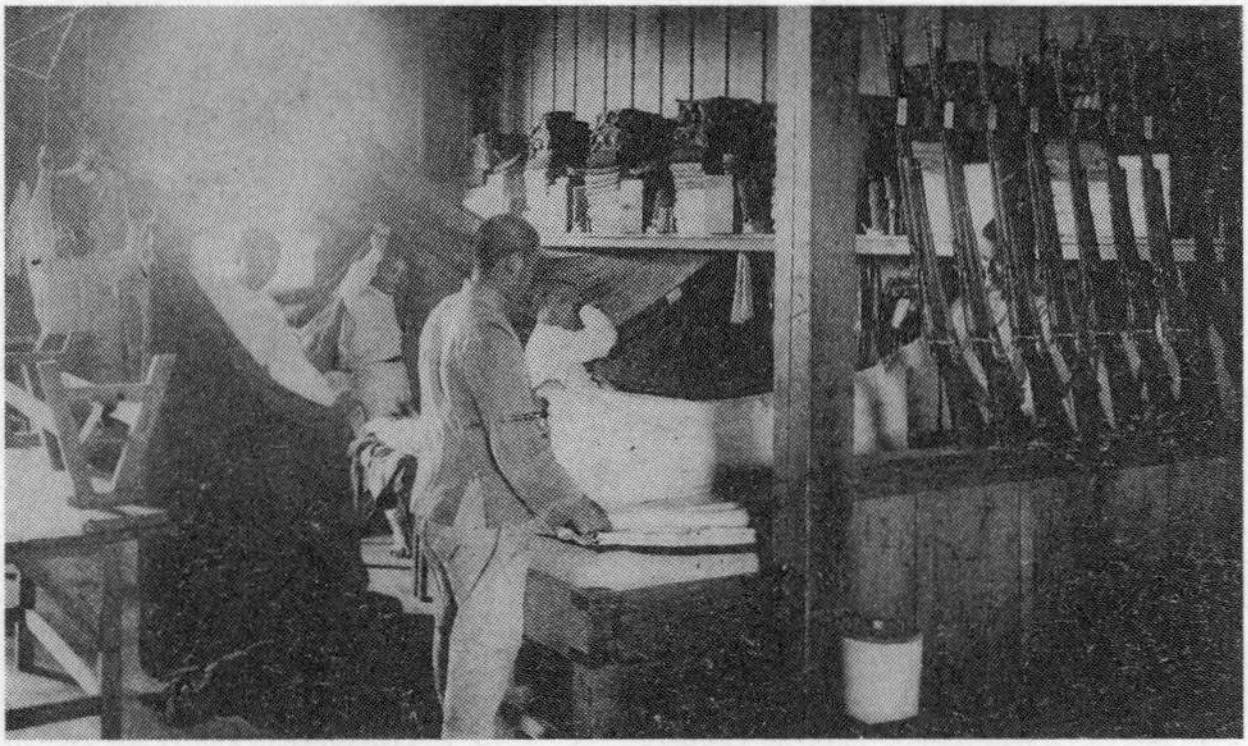

夏季の起床後の内務班の一葉であり、班内に張られた蚊帳の取り外しが行なわれている

を行なう。

清掃に際しては、換気目的で各部屋の窓を全開にするとともに埃除けのためにマスク・手拭等で口と鼻を覆い、まず最初にハタキがけを行なって室内の塵埃を舞い立たせてから、続いて各内務班備付の箒・塵取・モップ・雑巾・フキン・バケツを用いての掃き掃除と拭き掃除が行なわれた。

内務班内の清掃指導では、決められた短時間内での無駄のない能率的な清掃を行なうために「天井」→「四方」→「床面」の順序での除塵の順序が奨励された。

このほかに衛生面から寝具の洗濯と併せて、定期的な寝具の日光消毒が行

日朝点呼の様子。兵舎内での内務班単位での日朝点呼の状況であり、写真右から２人目の「週番士官」は右隣りの中隊付「週番下士官」をともない、写真左端の「内務班長」から報告を受けている

なわれた。寝具の洗濯は「包布」「敷布」「枕覆」を洗濯するとともに、毛布・敷布類を「物干場」に干す。

日光消毒の際は、内務班員が総出で営庭に寝台と敷布団を持ち出して日光に晒《さら》すとともに、併せて毛布・敷布類を「物干場」に干す。なお、「寝台」は重量があることから移動に際しては必ず二名での移動が規定されていた。

衛生状態の一例

清掃につづいて、当時の劣悪な衛生状況を示す一端として、「南京虫」「蝿」「トラホーム」を示す。

南京虫

陸軍以外でも戦前期におけるわが国の集団生活では、衛生環境の悪さに起因して「ノミ」「ダニ」「南京虫《なんきんむし》」や「蝿《はえ》」「鼠《ねずみ》」による衛生被害が大きかった。

当時の集団生活を送る兵営内の衛生状況は劣悪になりやすく、兵舎各部の棚・壁・床・寝台の隙間等に生息している「ノミ」や「ダニ」のほかに、「南京虫」の存在が将兵たちを悩ませた。

「南京虫」とは吸血昆虫である『床虱《とこじらみ》』に付けられた通称で、江戸時代の海外貿易の際に船荷とともに日本に伝播したものであり、当時は小型の舶来品に対して『南京』の名称を冠した時期であったために「南京虫」と呼ばれるようになった。

暗所に棲息する『南京虫』に噛まれると強烈な痒みをともなう鈍痛が発生するため、消灯後の就寝時に多くの将兵が被害にあうことが多く、とくに「南京虫」の耐性が無い「初年兵」が被害にあった場合には痒みによって睡眠が出来ない場合も多かった。

このため、兵営内では定期的な換気・清掃の徹底と併せて、棚・壁・床・寝台の隙間等にある「南京虫」の卵の駆除が行なわれた。

具体的な方法としては、内務班内の清掃・換気と寝具の洗濯・日光消毒・通気・乾燥に併せて、通称「南京虫退治」と呼ばれる裁縫用の針を用いての寝具や各所の隙間に潜む南京虫の卵の刺突駆除が行なわれ、状況によっては薬剤による燻蒸等が行なわれた。

なお、「南京虫」に噛まれた場合の治療は、「医務室」に行くことはまず無く、内務班内で『私物療法』『私物治療』等と呼ばれる兵員私物の「ヨードチンキ」「キンカン」「メンソレータム」等の塗布ないしは放置による自然治癒が主体であった。

縄

前述の「南京虫」のほかにも、「蝿」の存在は脅威であった。

当時は「厠」と呼ばれていた便所のほとんどが汲取便所であるほかに、下水道の不備の見地より「蠅」の発生が多く、蠅を媒介しての各種伝染病が猛威を振るっていた。

このため各種の衛生面向上の中で、蠅に対する対応も取られており、陸軍では徹底した厠・厨芥《ちゅうかい》廃棄場・排水溝の定期的な清掃・消毒が行なわれた。

これは汚物に触れた蠅により、赤痢等の疾病や回虫等の害虫が広域に拡散するためであり、とくに蠅が多発する夏季では兵営内では備え付けの「蠅叩」「蠅取器」のほかに、「蠅取紙」を設置するケースも多く見られたほか、食事に「蠅帳《はえちょう》」と呼ばれる防虫ネットを架けるなどの予防措置もとられた。

また、「炊事場」入口に、「蠅暖簾《のれん》」と呼ばれた二重の「縄暖簾」をつけて蠅の侵入を防ぐ工夫をしている部隊もあった。

このほかに「鼠」の発生に際しては、「殺鼠剤」や罠である「鼠捕」等の設置による捕殺や、側溝部分の清掃やゴミ捨場の清掃消毒で対応した。

トラホーム

前傾の「蠅」の存在と並んで戦前期に猛威を振るった疾病に、眼病のトラホームがある。

「トラホーム」は「クラミジア」を病原体とする角結膜炎であり「失明」にいたるこ

とがある戦前期に多発した疾病であった。

病原体である「クラミジア」は「トラホーム」罹患者の目脂《めやに》内に生息しており、指・手拭・洗面器・被服・寝具を通じて感染するケースが多く、とくに「囲炉裏」を用いる農村部では目に降りかかる灰を払う動作から眼部への感染が多く罹患者が多かった反面で、早期治療による治癒と、大正時代以降の「目薬」の普及によって予防効果が向上した。

「トラホーム」罹患者の場合、手拭・洗面器等の混用は厳禁され、「洗面器」は患者用洗面器が用いられた。

「トラホーム患者用洗面器」は識別のために赤の丸点が付けられていた。

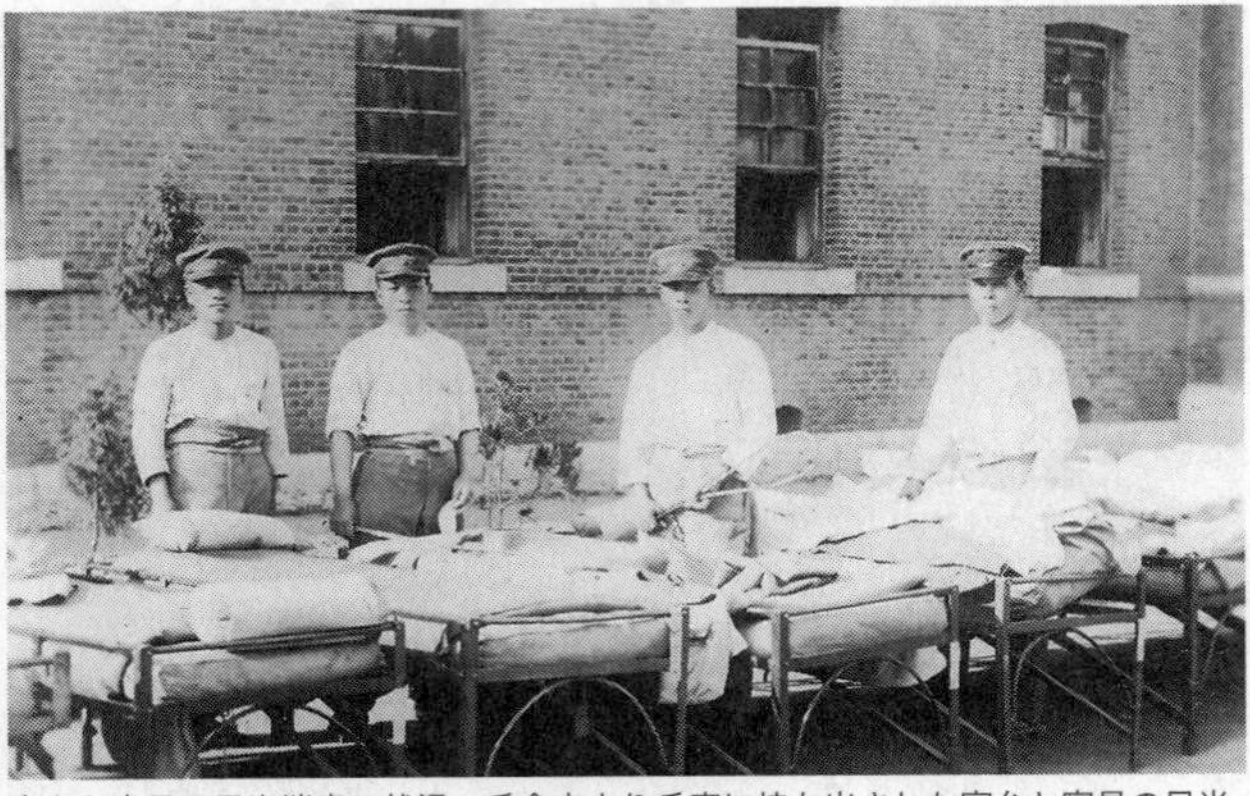

寝台と寝具の日光消毒の状況。兵舎内より兵庭に持ち出された寝台と寝具の日光消毒の状況で右から２人目の兵員は蒲団叩きを持っている

第8話

兵営生活の詳細❷

教練、学科、治療状況、衛生面等、「教練」と「診断」をメインに紹介する

教練と学科

午前と午後に兵営の「営庭《えいてい》」と呼ばれる練習場ないし、兵営に隣接した演習場での各種の「教練」と、「学科」と呼ばれる座学が行なわれた。

教練

「教練」の内容は、当初は兵員個人の動きを教育する「各個教練」より始まり、「不動の姿勢」と呼ばれる直立不動の姿勢から、「執銃訓練」と呼ばれる「小銃」を携帯しての訓練や、射撃姿勢や行進等の訓練が行なわれた。

とくに初年兵に対する「各個教練」中の「執銃訓練」では、基本となる「小銃」の扱い方と射撃姿勢と手入方法の徹底した教育が行なわれた。

昭和期陸軍の一般的な小銃は明治三十八年制定の「三八式歩兵銃《さんぱちしきほへいじゅう》」であり、騎兵は騎兵専用の「四四式騎銃《よんよんしききじゅう》」を用い、砲兵・輜重兵は短銃身の「三八式騎銃《さんぱちしききじゅう》」を用いた。

なお、小銃のうちで「騎銃」は、兵器の分類面では「歩兵銃」の対となる「短小銃」の意味で「騎兵銃」と呼ばれる兵器の分類カテゴリーが存在するものの、日本陸軍での兵器名称からは「乗馬する兵科が用いる小銃」という意味から「騎兵銃」ではなく「騎銃」の名称が用いられた。

「小銃射撃」には基本射撃姿勢として「立射」「膝射」「伏射」の三つの射撃姿勢があり、これら三つの姿勢は漢字表記とは異なり「立射」は「たちうち」、「膝射」は「ひざうち」、「伏射」は「ねうち」という陸軍独自の呼称で呼ばれていた。

「立射」は立ったままで行なう射撃のスタンダードな姿勢であり、的確な射撃姿勢を習得するために徹底した反復教育がなされており、実戦では射撃時の安定性向上のために立木等に銃身を託して射撃する「依託射撃」が奨励された。

「膝射」は、待機姿勢である「折敷《おりしけ》」と呼ばれる座った姿勢より行なう射撃であり、折り曲げた左膝の上に銃を保持した左手を添える射撃姿勢であり、「立射」に比べて腕に対する負担と反動が少なく、命中率の良い射撃姿勢である。

「伏射」は、地面に伏せたままの姿勢で行なう射撃であり、「膝射」と並んで命中率の良い射撃姿勢である。伏せる場合にはあらかじめ腹部の圧迫を防ぐ目的で、腰の「帯革」と呼ばれるベルトに付けられた「弾薬盒《だんやくごう》」と呼ばれる弾薬ポーチのうち「前盒《ぜんごう》」と呼ばれる前腰両部に一つずつ付けられたポーチを左右に開いてから伏せる。

射撃訓練にともない、事前に小銃の装填動作訓練用に「擬製弾《ぎせいだん》」と呼ばれる「実《じっ》包《ぽう》」に酷似した射撃不可能な訓練弾を用いた装填訓練が行なわれ、つづいて実弾射撃の前に「狭窄射撃」と呼ばれる短距離の射撃イメージ習得のための練習射撃が行なわれた。

正面
据銃シタルトキ銃ハ概ネ目標ニ指向セラレアルヲ要ス
（膝射、伏射ニ在リテモ亦同シ）
概ネ肩ノ高サ
成ルヘク垂直ナラシムルヲ可トスルモ體格ニ依リ過度ニ之ヲ垂直ナラシムレハ半右向ノ角度大トナリ肩著ヲ困難ナラシム

立射姿勢（正面）

この「狭窄《きょうさく》射撃」には専用の弱装薬の「狭窄射撃実包」が用いられた。

この基本教練が終了すると、実際に部隊近傍の射撃場へ出向いての実弾射撃が行なわれるほか、音響のみで実弾を発射しない「空砲《くうほう》」を用いての実戦想定の各種訓練が繰り返

立射姿勢（側面）

された。

また、支援火器である「軽機関銃」の射撃姿勢は「射手」と「弾薬手」がペアとなって行なう伏せた姿勢で射撃する「伏射」が原則であり、近接戦闘での応用射撃方法として起立した状態の「射手」の腰部分で「軽機関銃」を構える「腰溜《こしだめ》射撃」がある。

この「各個教練」につづいて逐次に部隊行動のための集団訓練が行なわれ、分隊規模の「分隊教練」・小隊規模の「小隊教練」・中隊規模の「中隊教練」といった集団訓練と併せて、各種歩兵兵器を用いての戦闘訓練と行軍訓練等が行なわれた。

また、秋になると、教練の総仕上げとなる各師団ごとに隷下部隊を用いての「師団秋季演習」が行なわれる。「師団秋季演習」は師団レベルでの教練の総仕上げ的な意味合いがあり、通常八日間にわたって師団隷下の部隊を「北軍」と「南軍」に二分して対抗演習を行なうケースが多かった。

学科

「学科」は座学スタイルでの各種の射撃や戦闘方法の教育のほかに、各種の「講話」があった。

「講話」には、「将校」が行なう軍人としての不朽不滅の敢闘精神を鍛錬するための「精神訓話」と呼ばれる精神教育や、現在の世界情勢や戦局を説明する「時局講話」があるほかに、各種疾病予防や衛生意識向上のために「軍医」「衛生兵」や各「内務班長」が行なう「衛生講和」があり、これらの学科は最小では内務班単位から、中隊・大隊単位の場合は講堂等で行なわれた。

医務室

一般的な平時の「歩兵聯隊」の「医務室」では二名の「軍医」が勤務しており、将兵の健康維持と怪我・疾病に対応した。

通常「軍医」は「衛生下士官」の協力の下に、各中隊単位で月一回の「月例身体検査」を行ない将兵の健康管理を行なうとともに、伝染病の流行時期には「特別検査」と呼ばれる予防接種や特別健康診断等を行なったほか、兵営内外の衛生指導を行なった。

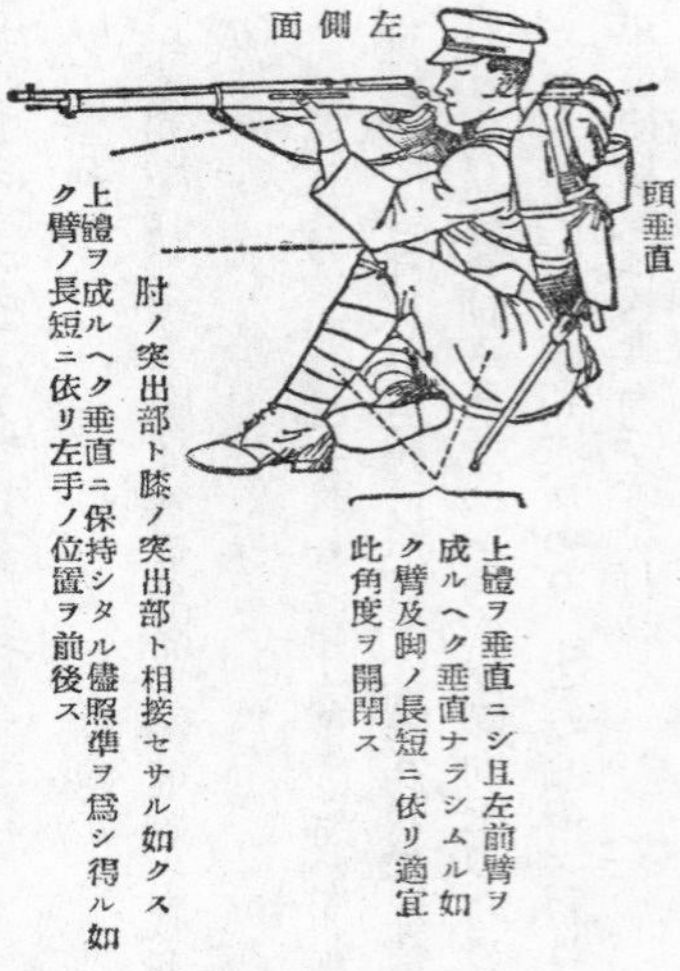
左側面
頭垂直
肘ノ突出部ト膝ノ突出部ト相接セサル如クス
上體ヲ成ルヘク垂直ニ保持シタル儘照準ヲ爲シ得ル如ク臂ノ長短ニ依リ左手ノ位置ヲ前後ス
上體ヲ垂直ニシ且左前臂ヲ成ルヘク垂直ナラシムル如ク臂及脚ノ長短ニ依リ適宜此角度ヲ開閉ス

膝射姿勢（側面）

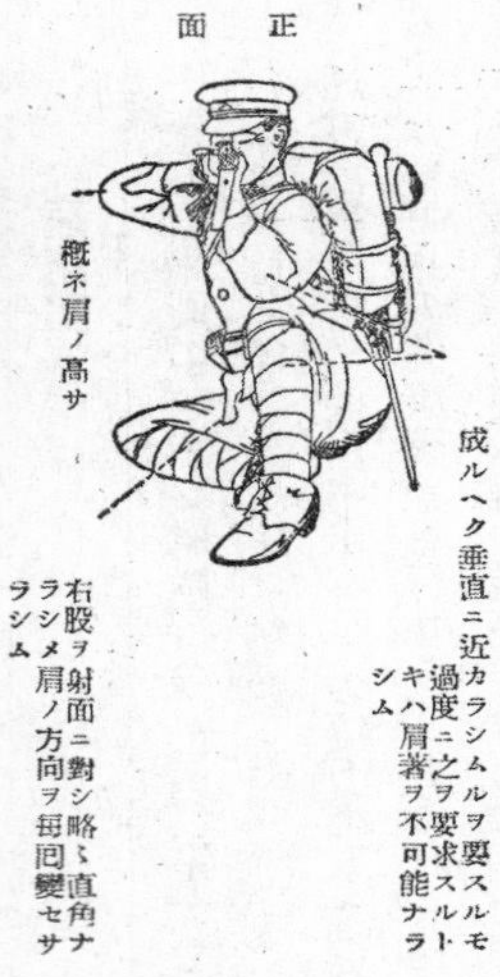
正面
概ネ肩ノ高サ
成ルヘク垂直ニ近カラシムルヲ要スルモ過度ニ之ヲ要求スルトキハ肩著ヲ不可能ナラシム
右股ヲ射面ニ對シ略〻直角ナラシメ肩ノ方向ヲ毎回變セサラシム

膝射姿勢（正面）

陸軍では病状を受傷・罹患の原因により、「一等症」「二等症」「三等症」の三パターンに分類していた。

「一等症」は公務・演習が原因で発病・負傷した場合であり、「二等症」は公務・演習以外の自然発生の病気に罹患した場合で、「三等症」は不品行により花柳病（性病）等に罹患した場合であった。

兵営内での治療状況

兵営内では病状により患者・受傷者の治療は、つぎに挙げる「就業」「練兵休」「乗馬休」「入室」「入院」の五段階に分類されて治療が行なわれた。

「就業」は軽傷の怪我等の場合であり、通常の勤務に付く。

「練兵休」は体力を使う教練・演習・衛兵勤務・使役等を休ませる。軽度の発熱等で「練兵休」となった場合、内務班の「寝台」での就寝が許可されるほか、季節によっては「外套」「手套（手袋）」の使用や、「脱靴許可」と呼ばれる靴を脱ぐことが許可されるほか、病状により「食事」内容の変更があり、その場合には食事の種類・数量・日数等の変更点が「軍医」経由で「内務班長」に申し渡された。

「乗馬休」は体力を使う乗馬による訓練・勤務のみが休みになり、通常の勤務・訓練は受ける。

「入室」は、「医務室」に隣接した「休養室」に入り静養・治療する対応であり、入院治療を要さないレベルの患者に対するもので、入室の期間は通常三日以内とされた。

「入院」は、「医務室」で対処できない状態の場合に、部隊指定の近傍の「陸軍病院」への入院が行なわれた。

このほかに大規模な感冒や悪性伝染病が流行した場合は、「切詰」と呼ばれる中隊の兵舎単位での隔離治療が行なわれた。この場合、「医務室」は近傍の「陸軍病院」よりの応援を要請して治療に対応した。

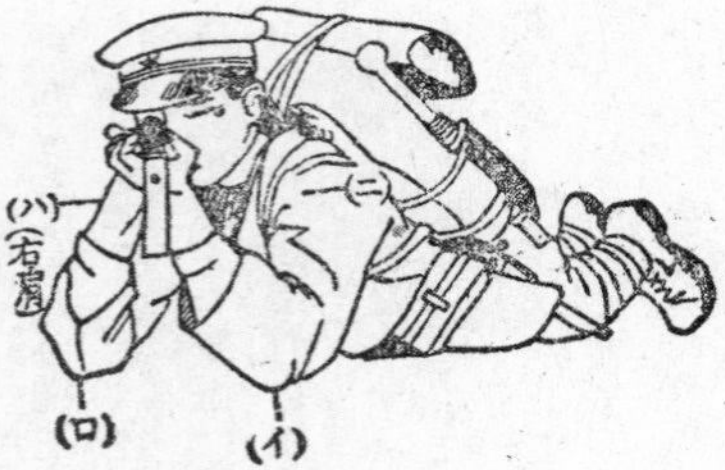

伏射姿勢（正面）

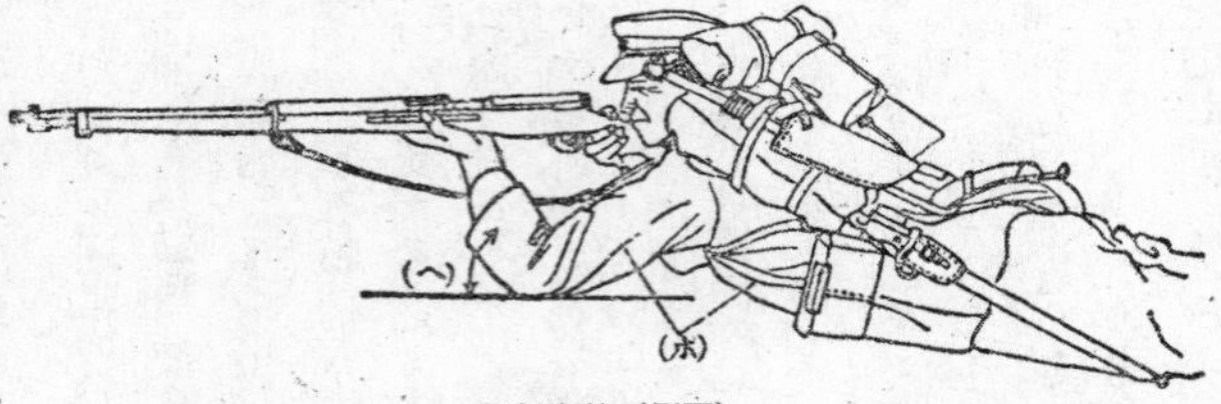

伏射姿勢（側面）

なお、兵営では訓練等での擦傷等の小さな怪我や軽度の発熱・下痢等の場合は、「医務室」での「軍医」の診療ではなく「衛生下士官」もしくは「衛生兵」レベルでの、通称『兵隊治療』ないし『兵隊療法』と呼ばれる薬剤塗布や服薬により治療が行なわれた。

この治療には『兵隊の三大治療薬』と呼ばれた、傷対応の通称「ヨーチン」、「赤チン」と呼ばれた「ヨードチンキ液」と、発熱対応の「アスピリン錠」と下痢止めである「クレオソート丸」がメインで用いられた。

衛生上の注意事項

「軍医」「衛生下士官」のほかに「衛生兵」「内務班長」等が兵営内の衛生上で守るべきポイントとして以下の九点が注意・指導の主眼とされた。

一、かならず毎日「洗面」「歯磨」「入浴」を行ない、身体各部の清潔を保つようにする。

二、被服の清潔を保ち、とくに「褌」「襦袢」「袴下」「靴下」等はこまめに洗濯を行なって清潔を維持する。

三、被服に塵埃の付いたまま、室内に入らないように注意する。

四、食中毒防止の面より、「生水」の飲用禁止。兵営内に備え付けの飲料水を引用するとともに、常時に飲料水の不足が無いように補充に注意する。

五、暴飲・暴食の厳禁。また腐敗しかかった飲食物や、未熟の果物の食用の厳禁。

医務室での診察状況。中隊単位での「月例健康診断」の様子であり、「衛生下士官」の支援を受けた「軍医」が中隊将兵の診断を行なっており、「週番下士官」が立ち会っている

また、激烈な運動をした後には、喉が渇いていても多量の水を一度に飲まないように注意する。

六、「食器」類や「手拭」等は各自の専用として、けっして他人と共用したり貸借をしないように注意する。

七、就寝後は「下着」や「寝具」を脱がないように注意するとともに、夏でも腹部を冷やさないように注意する。

八、「痰」の唾棄は室内に備え付けの「痰壺」に行ない、それ以外の所では絶対に行なわない。

九、気候の寒暖による換気・通気のための窓の開閉を、必要以上に行なわない。

病状程度一覧

分　類	対　処
就　業	すべての業務に就かせる
練兵休	教練・演習・衛兵勤務等を休ませる
乗馬休	乗馬で行なう教練・演習のみを休ませる
入　室	医務室に隣接した「休養室」で休養
入　院	部隊指定の陸軍病院へ入院

第9話

兵営生活の詳細❸

兵員が訓練・勤務以外のさまざまな雑務につく「使役任務」、身体の清潔・疲労回復効果を目的とした「入浴」、兵舎に隣接している「洗面洗濯場」による「洗濯」を紹介する

使役勤務

使役勤務とは、兵員が訓練・勤務以外のさまざまな雑務につくことであり、大別して「当番勤務」「従兵勤務」「臨時使役勤務」の三種類がある。

当番勤務

「当番」は部隊内の「聯隊本部」「大隊本部」「兵舎」「医務室」「経理室」「将校集会所」「下士集会所」「酒保」「炊事場」「厩舎」「工場」等での各種雑務に従事するものであり、また持ち回りで各「中隊」より「聯隊」の上部機関である各種「司令部」等へ当番勤務要員を派遣する場合もある。

なお、当番勤務を行なう「当番勤務者」は、三ヵ月以上各種連続して同じ勤務に就

く事は出来ず、また概ね毎週二日間は所属中隊の演習・訓練等に参加する。

「聯隊本部」「大隊本部」「経理室」等での当番勤務では、主に書類・伝票類の作成支援や伝令勤務が主体である。

「炊事場」での勤務は「炊事当番勤務」と呼ばれ、炊事場での炊事支援にあたるものであり、大人数の調理支援のためにかなりの激務となる。炊事場勤務の場合は、衛生面より被服の清潔と手洗いの励行を行なうとともに、食材・食器・調理器具の清潔維持に努め、火災発生を注意する。

「工場」での勤務は「歩兵聯隊」では、「縫工場」「靴工場」「銃工場」「木工場」があり、これらの工場で部隊内での被服・装備・機材・兵器等の製造・修理が行なわれた。

「縫工場」は被服の修理を行なうための工場であり、ミシン等の縫工機材を用いての被服類の修繕や、「雑嚢」をはじめとする各種布製装具類の補修・改善や、旧式被服を改良しての作業服としての再利用等が行なわれた。

「靴工場」は軍靴の修理を行なう工場であるが、実際には軍靴以外にも皮革を用いている装備品全般の修理を請け負っており、「歩兵聯隊」では軍馬の鞍等の馬具の修理も行なわれた。

「銃工場」は聯隊保有の歩兵兵器や各種装備類の修理を行なう工場であり、兵器・機

「歩兵第六十七聯隊」の「兵用浴場」の様子。コンクリート製湯槽を囲むスタイルで洗場があり、写真左奥には木製の患者用浴槽がある

材の修理のほかに修理設備を応用しての各種金属部品の修理・製造も行なわれており、「歩兵聯隊」では軍馬の「蹄鉄」をはじめとする「馬具」の製造・修理の修理も行なわれた。

「銃工場」での修理不可能とされた兵器・装備類は「工廠」等へ後送しての修理が行なわれた。

「木工場」は各種兵器・機材の木部を修理するための工場であり、このほかに営内の「陣営具」と呼ばれる「机」「椅子」「手箱」等の製造・修理や、木造兵舎の各部の補修・修繕も行なった。

また、馬匹を多く持つ「騎兵聯隊」「砲兵聯隊」「輜重兵聯隊」では、蹄鉄や馬具修理を行なう「蹄鉄工場」と、鞍をはじめとする馬具修理にあたる「鞍工場」がある。

「倉庫」には「被服倉庫」「兵器倉庫」等があり、「倉庫当番勤務」の者は倉庫内の整理整頓と清掃に心掛けるとともに、器材保護のために鼠や害虫の侵入防止や、盗難・火災発生を予防する。

従兵勤務

「従兵」は「当番兵」の名称で将校の伝令やその他の雑務につく使役勤務であり、各中隊単位で「中隊長」と「隊附将校」に対して中隊隷下の兵員が身の回りの世話にあたる勤務である。

具体的な「従兵」の勤務は、上官の「伝令」勤務のほかに、被服と武器の手入れや、馬匹の取り扱いに従事するものであり、「中隊長」以上の場合は部隊近郊の自宅への馬匹を用いての送迎や買物代行等の家庭に出入りするケースもある。

「従兵」は将校一名に対して一人ずつ付き、隊附勤務の「見習士官」に対しては数名に一人の割合で勤務する。

臨時勤務

「臨時使役」は兵営内での通常の使役勤務以外に発生する、突発的な物資搬入・臨時清掃などに対応すべく、各中隊より臨時に「使役兵」を集めて対応する使役である。

入浴

入浴は身体の清潔を保つとともに、温水による血行の促進による身体の疲労回復効果があり、兵営では下士官兵に対して毎日の入浴が奨励されていた。

兵営の浴場には、将校用浴場と下士官兵用の二種類がある。風呂の湯の煮沸には、明治初期より薪・石炭等が燃料であったが、大正期中期より逐次にスチームボイラーが用いられるようになった。

このスチームボイラーは兵営内の炊事場に隣接した機械室に設置されており、炊事場と浴室に熱源となるスチームを提供した。

将校用の浴場は「将校集会所」内部にあり、「炊事場」近くに設置されている通常「浴場」と呼ばれている下士官兵用の浴場は、内部で「下士官用浴場」と「兵用浴場」にわかれている。

「下士官用浴場」と「兵用浴場」ともに内部は「脱衣場」と「浴場」にわかれており、「浴場」内部にはコンクリート製の「湯槽」と「洗場」があった。

入浴は午後四時〜七時の間に、各中隊ごとに時間をきめて交替で入り、兵員各個の入浴時間は十五分を基準とした。

「兵用浴場」の様子。「脱衣所」と「浴室」が独立しておらず、写真後方に「脱衣所」が見える

なお、入浴に際しての衛生面からの注意事項としては、以下の八ポイントが徹底して指導された。

一、入浴は静かに行ない、浴室内で大声で話したり、歌を歌ったり詩を吟じたりしない。

二、入浴に先駆けて、股間・足部等の不潔な部分を洗ってから浴槽に入る。浴槽内で体を洗わないように注意する。

三、湯・水の節約に心掛ける。

四、勝手に浴槽の湯の水温調整を行なわない。

五、浴槽内で石鹸を用いたり、被服の洗濯を行なわない。

六、浴室内での用便の禁止。

七、「トラホーム」「花柳病」「皮膚病」等の伝染病の者は患者専用の患者浴槽と患者手桶を用いる。「患者浴槽」の設備の無い場合は最後に入浴を行なう。
八、「脱衣場」での被服の混同や、貴重品の盗難に注意する。

入浴を行なわなかった日には、演習等の後に顔・頭・手を洗うか清拭して、口をすすぐなどの衛生面を注意する。

また、多忙な初年兵は時間不足から入浴を省略して、顔面と手のみを「洗濯洗面所」で洗い「入浴」を装うケースが多くあるので「内務班長」は初年兵の入浴管理も行なったほか、部隊によっては内務班員全員に「入浴券」を配り「浴場」で回収するシステムを採用するケースもあった。

洗濯

下士官兵の洗濯は各中隊ごとに兵舎に隣接している「洗面洗濯場」で行なう。

洗濯には個人に支給される被服手入品の中にある「洗濯刷」と、消耗品として支給される洗濯石鹸を用いて、乾燥は兵舎裏面にある「物干場」で行なわれた。

洗濯の方法には、「絨製品の洗濯」と「綿麻布製品の洗濯」に二大別された。

「野砲兵第二聯隊」の「洗面洗濯場」。コンクリート製の洗面洗濯台の上には石鹸・刷毛等を置く針金製のラックが設置されている

「絨製品」は「軍衣」「軍袴」「外套」「巻脚絆」等であり、洗濯に際しては水槽中に浸して充分に水分をふくませてから、汚れのある部分の裏面に石鹸を付けて「洗濯刷」で摩擦し、つづいて表面に返して汚れのある部分に薄く石鹸を塗り、毛並みに沿って「洗濯刷」で軽く擦る。

その後は、水で二〜三回すすいで石鹸分を取り除いた後に、充分に絞って水分を取り除き、皺を伸ばしてから、色落ちを防ぐために裏面より日光による乾燥を行なう。

また、「外套」「巻脚絆」は乾燥とブラッシングのみで、洗濯は原則として行なわなかった。

「綿麻布製品」は「夏衣」「夏袴」「襦袢」「袴下」「夏襦袢」「夏袴下」「襟布」「敷布」「包布」

歩兵聯隊の「洗面洗濯場」。コンクリート製洗面洗濯台の中央の水槽部分には水が溜められており、手前の洗い場は木板が嵌められ、「洗濯刷」を用いて「襦袢」を洗濯している様子がわかる。また後方には水道に直結したコンクリート製の貯水槽が見える

等と、私物の「褌」「手拭」等である。

洗濯に際しては水分を充分にふくませてから、少量の石鹸を付けて手で揉み洗いを行ない、汚れの酷い場合は「洗濯刷」で軽く擦るように洗濯する。

洗濯後は充分にすすいで、石鹸分を取り除くようにする。とくに「襦袢」「袴下」では、汚れやすい「襟」「袖口」「裾」「脇下」「股間」部分を重点的に洗濯するように指導が行なわれた。

乾燥に際しては充分に絞ってから、皺を伸ばして乾燥を行ない、「襟布」は絞らずに畳んで、そのまま乾燥させる。

なお、「雨外套（夏外套）」「雑嚢」等は防水加工が施されているため、原

則として洗濯は行なわずに、汚れ等が付着した際にはブラッシングで対処して、状況に応じて部分的なつまみ洗いを行なう。

洗濯に用いる「洗濯石鹸」は長方形で重量は概ね百二十グラムのものを民間より購入して使用されており、通常は「聯隊本部」の「経理委員」が部隊の出入業者（御用商人）より購入して、聯隊隷下の各中隊に現物支給が行なわれた。

「洗濯石鹸」の支給方法は各中隊の「給与掛下士官」ないし各「内務班長」が定期的に兵員各個に一個宛に支給するか、または各内務班単位での合同使用のために班単位での支給を行なう。

なお、昭和十年の時点での、下士官兵に対する年間の「洗濯石鹸」の供給は次表のとおりである。

洗濯石鹸支給表

月	個数
4月	2
5月	3
6月	3
7月	3
8月	3
9月	3
10月	2
11月	2
12月	2
1月	2
2月	2
3月	2
合計	29

井戸の夏枯れにより、部隊近郊の小川での洗濯の様子。
写真中央には外出の選に漏れた古参兵が不満げな表情で座っている

第10話

兵営生活の詳細④

「週番司令」「週番副官」「週番士官」「週番下士官」「週番上等兵」「厠週番上等兵」「日直看護長・日直看護兵」「消防隊」等、「週番勤務」と呼ばれる勤務を紹介する

週番勤務

部隊では部隊内部での軍規維持と風紀維持と防火・盗難防止の目的で、部隊隷下の将校・下士官・兵が毎週土曜日の正午から翌週土曜日の正午までの一週間サイクルの交代で「週番勤務」と呼ばれる勤務に従事した。

「週番」の勤務要員は「週番司令」「週番副官」「週番士官」「週番下士官」「週番上等兵」「厩週番上等兵」「日直看護長」より編成されている。

「週番勤務」は任務内容により「聯隊」ないし「大隊」レベルでの部隊全体を取り締まる「部隊週番勤務」(「聯隊週番勤務」ないし「大隊週番勤務」と呼称)と、部隊隷下の各中隊単位での取り締まりにあたる「中隊週番勤務」の二種類による二元体制が

週番勤務の二元体制

部隊週番勤務	聯隊週番勤務	部隊全体の取り締まり	週番司令が統括
	大隊週番勤務		
中隊週番勤務		中隊単位の取り締まり	週番士官が統括

週番士官主要任務

1	人馬の員数と状況を把握し、患者・病馬がある場合は受診の手続きをとらせる。 軍医・獣医が帰営後の場合は、当直の軍医・獣医に通報するとともに、週番司令に報告する。
2	兵舎・厩・砲廠・格納庫・車廠等を巡察するとともに、週番下士官以下にも巡察を命じる。 夜間はとくに火災予防に注意して、夜間勤務者の勤惰を監視する。
3	点呼の際は週番下士官をともない中隊の人員検査を行ない、結果を週番司令に報告する。
4	必要に応じて、中隊の臨時点呼を行なう。臨時点呼を行なった場合は週番司令に報告を行なう。
5	脱営者・帰営遅刻者やその他の犯行者があった場合は臨機の処置をとるとともに、速やかに中隊長と週番司令に報告する。
6	物品の盗難・紛失・取得等の場合は、適宜の処置をなすとともに、週番司令に報告する。
7	特務曹長（准尉）不在の場合は、「公用證」や「外出證」を預かり、必要に応じてこれを交付する。
8	上記のほかに、努めて下士官以下と親しく接して、起居の間の中隊内務の向上をはかる。

とられていた。

以下に週番勤務に従事する各種役職である「週番司令」「週番副官」「週番士官」「週番下士官」「週番上等兵」「厩週番上等兵」「日直看護長」「日直看護兵」と、「週番」の勤務例である「不寝番」「消防隊」を説明する。

週番司令

中隊数が二個以上の部隊では「週番」を統括する指揮官として「週番司令」が設けられた。通常「週番司令」は「大尉」が勤務にあたる。

「週番司令」は隷下の「週番」を指揮・統率するとともに、「消防隊」「風紀衛兵」「営倉」を管轄し、緊急事態の際には自己裁量での問題対処権限を持っている。

「週番司令」の定位置は部隊本部の「週番司

令室」である。
なお「風紀衛兵」の詳細は、次話の「風紀衛兵」にて説明する。

週番副官

中隊数が二個以上の部隊では多忙となる「週番司令」の補佐役として、下士官の中で「曹長」が「週番副官」の任務についた。

「週番副官」の定位置は部隊本部の「週番司令室」に隣接した「週番副官室」である。

週番士官

「週番士官」は各中隊ごとに「中隊週番勤務」を行なう目的で、中隊付の「中尉」「少尉」「見習士官」「少尉候補者」「特務曹長（後に「准尉」）」「曹長」の中より

夕刻に行なわれる「日夕点呼」の様子。写真右手前の「内務班長」監督のもとに行なわれる人員点呼の状況を、写真左手前の「週番上等兵」をともなった左から2人目の「週番士官」が見ている

一名が任務にあたる。

「週番士官」は「部隊週番勤務」につく「週番司令」の指揮を受けるとともに、所属中隊の「中隊長」の指揮下で、「週番下士官」以下を指揮して週番任務を行なう。

なお、「週番士官」は演習や勤務が免除される他の週番勤務者と異なり、通常の勤務・演習に参加する。

「週番士官」の主要任務はP.115の八点である。

「週番士官」の定位置は自己が所属する部隊の「将校室」である。

週番下士官

「週番下士官」には「部隊週番勤務」である「聯隊週番勤務」に従事する「聯隊本部週番下士官」と、同じく「部隊週番

同じく「日夕点呼」の様子。写真右手の「週番上等兵」をともなった「週番士官」に対して、前左右に整列した内務班員の左端手前の「内務班長」が人員報告を行なっている

夕食後の自由時間を利用して手紙を書く内務班員。写真左端に「内務班長」、右端に「週番上等兵」がいる

「歩兵第二十九聯隊」で「中隊週番勤務」につく「週番上等兵」。週番勤務識別のために腕に「週番腕章」を付けている

勤務」である「大隊週番勤務」に従事する「大隊本部週番下士官」と、中隊単位での「中隊週番勤務」に服務するために中隊ごとに設けられる「週番下士官」の三パターンがあった。

「聯隊（大隊）週番勤務」に従事する「聯隊本部（大隊）週番下士官」は、「聯隊（大隊）本部」の本部付下士官より、「炊事掛下士官」「衛生部下士官」「獣医部下士官」以外の下士官中より一名が服務についた。

「聯隊本部（大隊）週番下士官」は週番勤務を統括する「週番士官」の指揮と、「聯隊（大隊）副官」の指示を受けて、週番任務を遂行した。

「聯隊本部（大隊）週番下士官」の定位置は「聯隊（大隊）本部事務室」である。

「中隊週番勤務」に従事する「中隊週番下士官」は、中隊に所属する「軍曹」「伍長」「伍長勤務上等兵」より一名が服務して、「週番士官」の指揮を受けて週番勤務に従事した。

「中隊週番下士官」の定位置は、中隊本部の中隊事務所である。

週番上等兵

「週番上等兵」は中隊単位での二名の「上等兵」が、「中隊週番勤務」に服務する「週番下士官」の指揮下に入り、火災・盗難予防と兵舎内外の清潔維持等の内務に従事する。

週番上等兵主要任務

1	兵舎の内外を巡察して諸物品の保存・整頓・清掃状況の良否を確認するとともに、火災や盗難の予防に注意する。 日夕点呼後は各部屋を巡察して火鉢や暖炉等の消火を点検して、週番下士官の点検を受ける。
2	食事分配のときはあらかじめ食事数を週番下士官より連絡を受け、定刻に当番を率いて炊事場へ受領に向かい、各班に分配する。 食事後は配食器を炊事場へ返納する。
3	兵舎内外の清潔を保つために、毎日当番を集め内務班に属する区域の掃除を行なうとともに、器具の保全を行なう。
4	営倉入りの者に対しての食事や寝具を差し入れるときに、検査を行なうとともに風紀衛兵の営舎係に引き渡し、用済後は営舎係より受け取る。
5	入退院及び入隊室の患者に対して、軍医と週番下士官の指示を受けて対応する。

「週番上等兵」の主要任務は以下の五点である。

「週番上等兵」の定位地は「中隊事務室」ないし「居屋（内務班）」である。

厩周番上等兵

「厩周番上等兵」は馬匹取扱部隊で馬匹の世話を目的として中隊単位に設けられるもので、中隊ごとに上等兵一名が勤務についた。

「厩週番上等兵」は「週番下士官」の指揮をうけて「厩」の内外を衛生状況や防火を確認する他、馬匹取り扱い部隊で中隊ごとに交代で厩勤務に従事する「厩当番」を指揮・監督して馬匹の世話に従事した。

「厩周番上等兵」の定位置は馬匹を収容している「厩」である。

日直看護長・日直看護兵

「日直看護長」ないし「日直看護兵」は、部隊内での急患や衛生保全に対応すべく、部隊単位で衛生部の「看護長」ないし「上等看護兵」より一名を勤務に充てるもので

「輜重兵第二大隊」で撮影された炊事場での通称「めしあげ」と呼ばれる食事受領の状況であり、受領要員を「週番上等兵」が統括している様子がわかる。また、炊事場の出入り口には衛生面より蝿の侵入を防ぐ「縄暖簾」が付けられている

あり、定位置は医務室内にある事務室である。

「日直看護長」ないし「日直看護兵」は、ともに「軍医」の指示での一般的な衛生任務のほかに、「週番司令」の指揮を受けて部隊内部の衛生維持を行なった。また、状

消防隊編成例

区分			装備	人員	合計人員
司令				週番士官	1
消防隊	ポンプ班			下士官1名 兵10名	11
	水管車班	第一組	水管車	下士官1名 兵5名	18
		第二組	筵 砂	下士官1名 兵5名	
		第三組	筵 砂	下士官1名 兵5名	
	伝令			兵6名 喇叭手1名	7
破壊隊	掛矢班		掛矢5	下士官1名 兵4名	5
	鳶口班		鳶口10	下士官1名 兵9名	10
	鋏班		鋏3	下士官1名 兵2名	3
	鋸班		鋸5	下士官1名 兵4名	5
	梯子班		梯子1	下士官1名 兵4名	5
	差俣		差俣3	下士官1名 兵5名	6
	引掛鉤班		引掛鉤3	下士官1名 兵5名	6
	予備員			下士官1名 兵8名	9
合計					86

況に応じて「日直看護長」として「日直看護兵」の補助の目的で、「上等看護兵」一名を「週番看護兵」として勤務させることが可能であった。

不寝番

「不寝番」は各中隊ごとで夜間の侵入警戒・火災予防・盗難防止・衛生維持を目的として設けられる巡回要員であり、「日夕点呼」後より翌朝の「起床」までの間を通常二名一組で二時間交代での勤務にあたる。「不寝番」は各中隊ごとに「週番下士官」の指揮を受けて、中隊の兵舎内外の巡回を行なった。

消防隊

部隊では火災に対する防火対策が立てられており、火災の発生に備えて平時より「週番司令」の指揮下に「消防隊」が編成されていた。「歩兵聯隊」の場合、毎月の持ち回り勤務で常時一個中隊が「消防中隊」に指定されるとともに、指定された中隊では必要人員を抽出して「消防隊」を編成した。

第11話 兵営生活の詳細❺

営門の出入者のチェックや、部隊内の軍規・風紀維持を行ない、「風紀衛兵司令」「衛舎掛」「歩哨掛」「歩哨」「喇叭手」より編成された「風紀衛兵」の勤務の詳細を紹介する

風紀衛兵勤務

「風紀衛兵勤務」は各部隊ごとに軍規維持と風紀維持を行なうとともに、営門よりの出入する人員を監視するための衛兵であり、部隊では中隊単位で「風紀衛兵」を編成して交代で衛兵勤務に従事した。

「風紀衛兵」は週番勤務を統括・指揮する「週番司令」の指揮下に入り、営門脇にある「風紀衛兵所」を拠点として営門の出入者のチェックと、部隊内の軍規・風紀維持を行なった。

「風紀衛兵」は、「風紀衛兵司令」「衛舎掛」「歩哨掛」「歩哨」「喇叭《らっぱ》手」より編成されていた。以下に「風紀衛兵司令」「衛舎掛」「歩哨掛」「歩哨」「喇叭手」を説明する。

風紀衛兵司令

「風紀衛兵司令」は下士官が勤務にあたり、将校である「週番司令」の指揮を受けて隷下の「風紀衛兵」を指揮して「衛兵所」「哨舎」「営倉」「面会所」での勤務監視と、定時に規定されたラッパによる規定号音の吹奏監視、兵営内の備付諸物品の清潔保存の監視を行なった。

「風紀衛兵司令」の階級は「軍曹」ないし「伍長」である。

衛舎掛

「衛舎掛」は「上等兵」が勤務し、「風紀衛兵司令」の指揮下で「風紀衛兵所」「営倉」「面会所」等の内外の維持・清掃・防火と、備付諸物品の監守を行なった。

歩哨掛

「歩哨掛」は「上等兵」が勤務し、「風紀衛兵司令」の指揮下で定時に「歩哨」交代を行なうとともに、哨舎の衛生状況や歩哨の勤務状況・服装等に注意をはらった。

人員不足の場合では「衛舎掛」が「歩哨掛」を兼務する。

歩哨

「歩哨」は「歩哨掛」の指示にしたがい「軍旗」「営門」「営倉」「弾薬庫」の警備につく。警備対象の場所には「哨所」と呼ばれる警備ポストがあり、各「哨所」には三

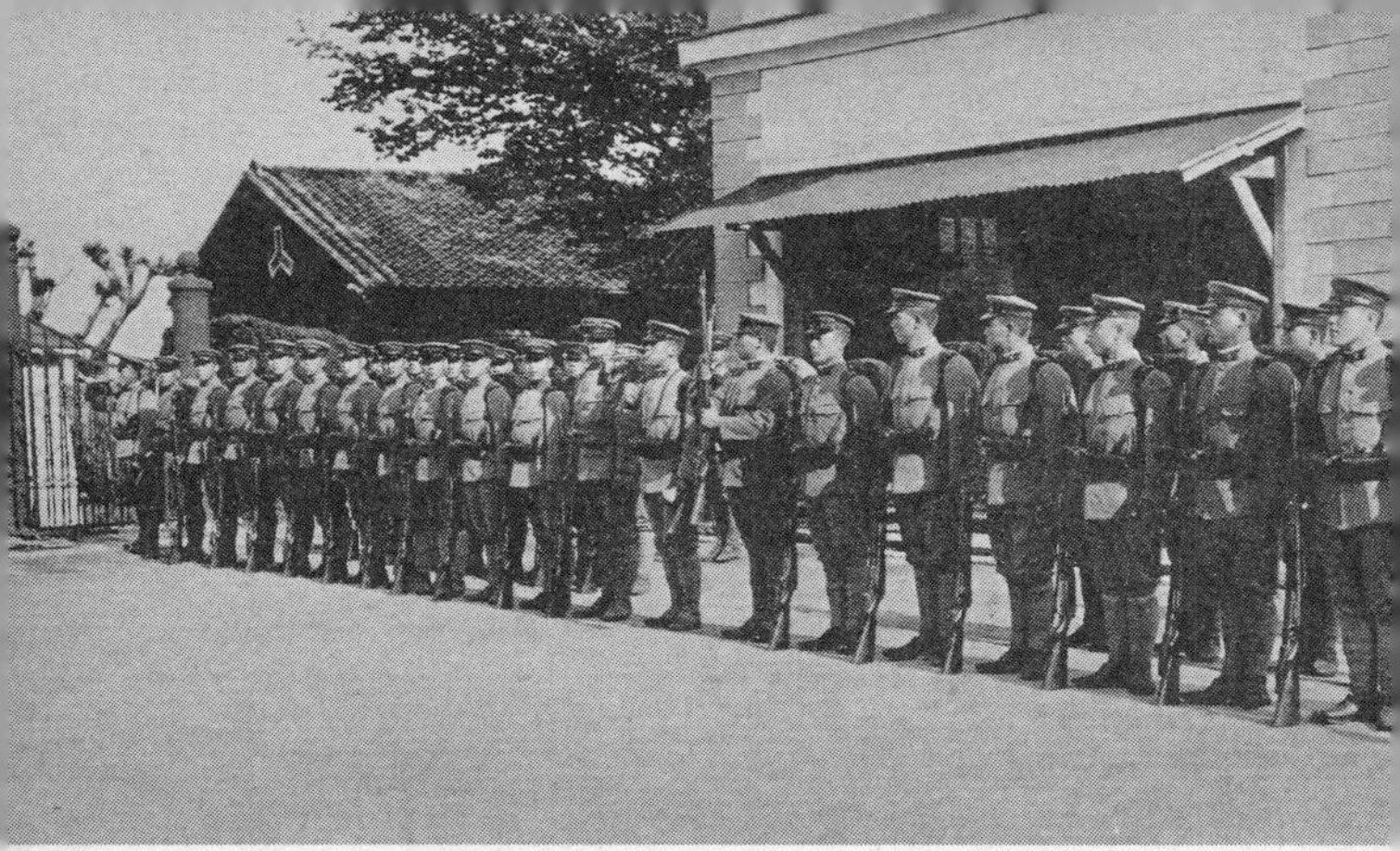
衛兵交代の様子。宮門そばの衛兵所前に「下番」と呼ばれる勤務終了の衛兵要員と、「上番」と呼ばれるこれから衛兵勤務に従事する衛兵が整列して、喇叭の吹奏に合わせて互いに礼を交している様子が写されている

名ずつの歩哨が配属され、一人一時間交代で二十四時間の勤務につく。「哨所」での「歩哨交代」と呼ばれる歩哨の交代に際しては、「歩哨掛」が付き添い、交代に際して「歩哨」は交互に敬礼を交わすとともに「守則」「特別守則」「申送事項」の確認が行なわれた。歩哨勤務を行なうための歩哨が守るべき具体的な規定としては、通常勤務の場合の規定を示した「一般守則」と、勤務ごとに定められた「特別守則」の二つの規則があり、歩哨はこの二つの「守則」に則って歩哨勤務についた。

治安悪化や戦時に際しては、部隊長の指示により衛兵や哨所を増加するとともに、従来は「単哨」と呼ばれる一名での

「歩兵聯隊」の営門。営門の内側直近には風紀衛兵が勤務する衛兵所がある

歩哨勤務を警備力増強のために「複哨」と呼ばれる複数勤務にするほか、下士官指揮の「下士哨」を設置するケースもあった。

「哨所」に詰める「歩哨」は原則「哨所」より三十歩以上の距離の移動を禁じられているが、緊急時は自己判断によって臨機応変の対応をとることが出来た。

歩哨の警戒動作は通常は哨所より動かずに耳目を用いて行なう目視監視が主体であるが、広域地や「弾薬庫」「倉庫」等の重要施設の警戒・夜間警戒の場合は、「動哨」と呼ばれる指定地域内を徒歩移動での警戒が行なわれた。

歩哨の銃の構え方は昼間では地面より垂直に銃を立てたままの「立銃」ないし、

「歩兵聯隊」での歩哨行為の状況。営門歩哨の交代の様子であり、営門脇の哨所と呼ばれる歩哨ポストに「歩哨掛」に引率された交替の歩哨が向かう姿が写されている

銃を腰の位置で水平に保った警戒姿勢である「腕に銃」を用いて、夜間は小銃には着剣して「腕に銃」ないし「吊革（スリング）」で銃を肩に吊る「提銃」のスタイルを用いた。また勤務についていない「歩哨」は、「控兵」とよばれる非常事態に備える予備兵力として「衛兵所」で待機する。

以下に「軍旗歩哨」「営門歩哨」「営倉歩哨」「弾薬庫歩哨」を説明する。

◆軍旗歩哨

「軍旗歩哨」は軍旗を保有する「歩兵聯隊」「騎兵聯隊」のみに設けられる歩哨で、「聯隊長室」に隣接した「軍旗奉安室」にある「軍旗」「御真影」「勅諭」の守護が任務であった。

◆営門歩哨

部隊の正門である「営門」や、出入業者専門の「裏門」には、警戒のために「営門歩哨」が置かれ、各門は起床のラッパ号音とともに開門され、夕食を知らせる食事号音で閉鎖された。

「営門歩哨」は出入りの者に対して常時警戒がとられ、頻繁に部隊に出入りする出入業者には通行証を兼ねた「見合門鑑」と呼ばれる木札が発行された。時として「歩哨」は出入り業者の持ち物や荷物の検査を行なった。

出入業者の中でも「下肥汲取人」「残飯運搬人」「馬糞運搬人」「厨芥運搬人」は「裏門」を使用するケースが多かった。

◆営倉歩哨

部隊には部隊内部での犯罪で処分未決ないし一時的拘留を必要とする者を収容する施設として「営倉」がある。この「営倉」は営門脇の「風紀衛兵所」の裏手に設置されており、「営倉入」と呼ばれる収容者がいる場合は二十四時間交代で衛兵が勤務についた。

「営倉」に「営倉入」と呼ばれる収容者がいる場合にかぎり、臨時勤務に服する「歩哨」であり、「営倉」の内外と「営倉入」の対象者を監視する。

「営倉入」と呼ばれる収容者には、犯罪のために一時的に身柄拘留がなされる「拘留者」と、反省を促すための「軽営倉」と「重営倉」があり、いずれも収容者を「営倉」に入れるに際して身体検査を行なうとともに、自殺防止のために軍服より「襟布」「腰紐」等の紐類を取り除く。

とくに「営倉歩哨」は「営倉入」の者が逃亡・自殺防止のための監視を行なうとともに、三度の食事や寝具提供の際等も検査を行なった。

◆弾薬庫歩哨

弾薬庫には爆発事故時の被害予防と侵入阻止を目的として建物周囲には「土堤」と呼ばれる盛土が築かれていた。

土堤の内部へは、准士官以上・「弾薬庫開扉證」を持つ下士官・下士官の随従者・衛兵以外は出入禁止であり、弾薬庫の開閉は聯隊の「兵器委員」と「弾薬庫開扉證」を所持する下士官のみである。

弾薬庫歩哨は、昼間は入口に立哨を置くとともに土堤上を動哨して目視により弾薬庫土堤内外を警戒する。夜間は入口に立哨を置くとともに土手上と併せて土堤内を動哨して直接に弾薬庫を警戒する。

弾薬庫に火災時の対処として、「通報用サイレン」や「警鐘」と併せて、「衛兵」が

「小笛」を携帯しており、消火機材としては消火器のほかに、「梯子」と延焼防止のために弾薬庫の開閉部分を閉塞するための「目塗土」と「バケツ」が常備されていた。

喇叭手

「喇叭手」は「風紀衛兵所」を定位として、定時刻になると「日課号音」と呼ばれる「起床」「食事」「消灯」等を知らせる喇叭を吹奏した。

また、火災時には「火災」、非常事態の発生時には「非常呼集」の喇叭吹奏を行なった。

＊非常事態の対応

火災・非常事態等が発生した場合、「風紀衛兵司令」は「喇叭手」に「火災」ないし「非常呼集」の非常号音と呼ばれる喇叭を吹奏させるとともに、緊急事態に備えて衛兵所にいる「控兵」を整列させて、併せて「伝令」により「衛兵司令」に報告を行なって指示を仰いだ。

火災等の災害発生時には、「控兵」の半数を「消防隊」ないし「消防中隊」の到着まで消火活動にあたらせ、消防部隊の到着後は「週番士官」の指揮下で消火活動の支援にあたった。

また、営外居住者の住宅地や部隊近隣の火災や災害には「部隊長」の指示により、

「歩兵第九聯隊」の弾薬庫。弾薬庫周囲には保全と安全のために土堤が築かれており24時間体制で弾薬庫歩哨の警備が行なわれた

消火・救援のために「衛兵」や「消防隊」といった救援隊を派遣する場合があった。

＊面会所と風紀衛兵

部隊に来る面会者に対応するために、営門脇にある「風紀衛兵所」に隣接した「面会所」がある。「面会所」内部には机と椅子の設備があり、面会時間は起床より夕食までの時間が普通であり、面会者より差入品はその場での喫食は可能であるが、飲酒と食物の営内持ち込みは禁止されていた。

安全面により「衛兵」は、面会者の身体・持物検査を行なうことがあるほか、部隊によっては面会所での案内対応の専属要員として「風紀衛兵」中より二名前後の兵員を「面会人取扱兵」に宛てて「面会所」に勤務させるケースもある。

このほかに下士官・将校に面会者がある場合で、居室や集会所に案内する場合は必ず「衛兵」を案内役に付けるようにしていた。

＊風紀衛兵より内務衛兵

「大東亜戦争」下の昭和十八年九月三日に「軍令陸第十六号」によって従来の「軍隊内務書」が「軍隊内務令」へ改変されたのを受けて、既存の「風紀衛兵」の名称がその任務に適応していないことから、「内務衛兵」へと名称が改められた。

この改正によって「内務衛兵」の任務が、従来の火災防止等の任務以外に、日本本土も戦場との想定の元に「防空」「灯火管制」「消防」「防諜」といった衛兵任務がとられた。

第12話

軍旗

「制式の軍旗」「軍旗の親授」「軍旗の保管と軍旗歩哨」「軍旗の運用と軍旗護衛隊」「軍旗の運用と軍旗衛兵」等、日本陸軍の象徴である「軍旗」について解説する

陸軍初の軍旗

日本陸軍の「歩兵聯隊」と「騎兵聯隊」には、大元帥陛下から親授された「聯隊旗」と呼ばれる「軍旗」があった。

陸軍初期の軍旗は明治三年四月十七日に明治天皇が「駒場野（後の「駒場練兵場」）」で各藩の藩兵による調練（教練）を天覧した折に、国軍の象徴と意気顕揚を目的として十旒の「聯隊旗」を親授したのが最初であった。

この「軍旗」は縦五尺×横四尺四寸の寸法であり、旗のデザインとして十六条の光線を中心から放射状に放つ形の日章旗であるが、旗の周囲に房は無かった。

この「軍旗」は「陸軍国旗《りくぐんこっき》」ないし「御国旗《ごこっき》」の名称で呼ばれていた。

制式の軍旗

明治七年一月二十三日に大元帥陛下の警護部位として既存の「御親兵」を改編して、「近衛歩兵第一聯隊」と「近衛歩兵第二聯隊」が編成された折に、大元帥陛下より両聯隊に対して「聯隊旗」が親授されている。

この「聯隊旗」の授与が陸軍の軍旗制定の最初であり、法令面では同年十二月二日の「太政官布告第百三十号」により「歩兵聯隊」「騎兵聯隊」「砲兵聯隊」の軍旗が制定されるとともに、この新軍旗の制定にともなって既存の明治三年制定の「聯隊旗」は廃止となっている。

この新制定された「歩兵聯隊」の軍旗は縦二尺六分四寸（約八十センチ）×横三尺三寸（約百センチ）の長方形であり、旗の周囲には紫の房を付けて、旗竿の竿冠には金色の菊花章が付けられており、「旗竿」近くに縦七寸×幅八寸の「聯隊番号」を記載するスペースが設けられている。

「騎兵聯隊」「砲兵聯隊」の軍旗は、馬上での捧持が前提であるために、歩兵・砲兵用よりも小振りの縦横ともに二尺四寸七分五厘（約七十五センチ）の正方形であり、房の色は紫色であり、「歩兵聯隊」の軍旗同様に、「旗竿」近くに縦七寸×幅八寸の「聯隊番号」を記載するスペースが設けられている。
なお、この時期は「砲兵聯隊」と「騎兵聯隊」は大隊編成であり聯隊編成がとられていなかったために、軍旗は親授されておらず、後に「砲兵聯隊」の軍旗は廃止されている。

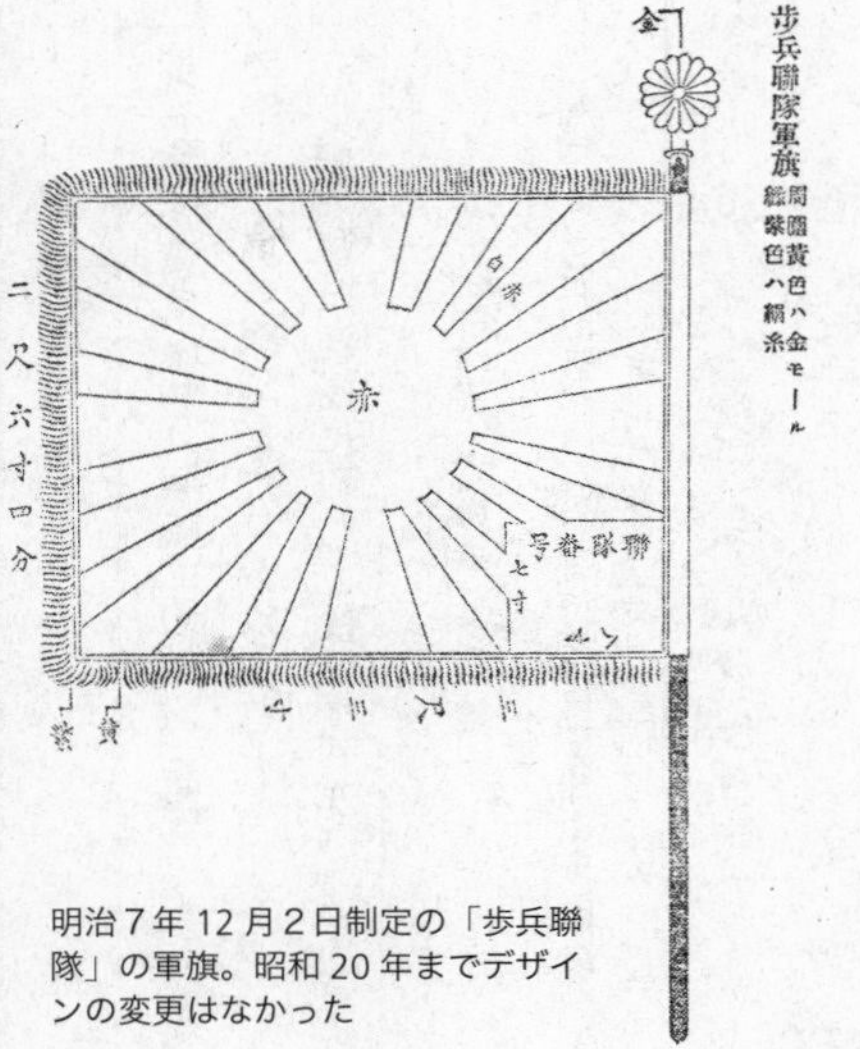

明治７年 12 月２日制定の「歩兵聯隊」の軍旗。昭和 20 年までデザインの変更はなかった

後の明治十八年一月には「後備歩兵聯隊」用の軍旗も制定された。この「後備歩兵聯隊」の軍旗は、寸法等は一般の歩兵聯隊の軍旗と同じであるが旗周囲にある房が黄色から赤色に変更されていた。

また、日清戦争後の明治二十九年十一月十八日に既存の「騎兵大隊」が「騎兵聯隊」に改編されたために、「軍旗」が授与された。

軍旗の親授

「歩兵聯隊」と「騎兵聯隊」の新設に際して、聯隊に対して「軍旗」が宮中で「大元帥陛下」より「聯隊長」に親授される。

宮中での軍旗親授に際しては、「大元帥陛下」より『歩兵第○○聯隊編制成ルヲ告ク。仍テ今軍旗一旒ヲ授ク。汝軍人等協力同心シテ益々武威ヲ發揚シ以テ國家ヲ保護セヨ』との御言葉を戴き、これに対して聯隊長は『敬テ明勅ヲ奉ス。臣等死力ヲ竭シ誓テ國家ヲ保護セム』と奉答する。

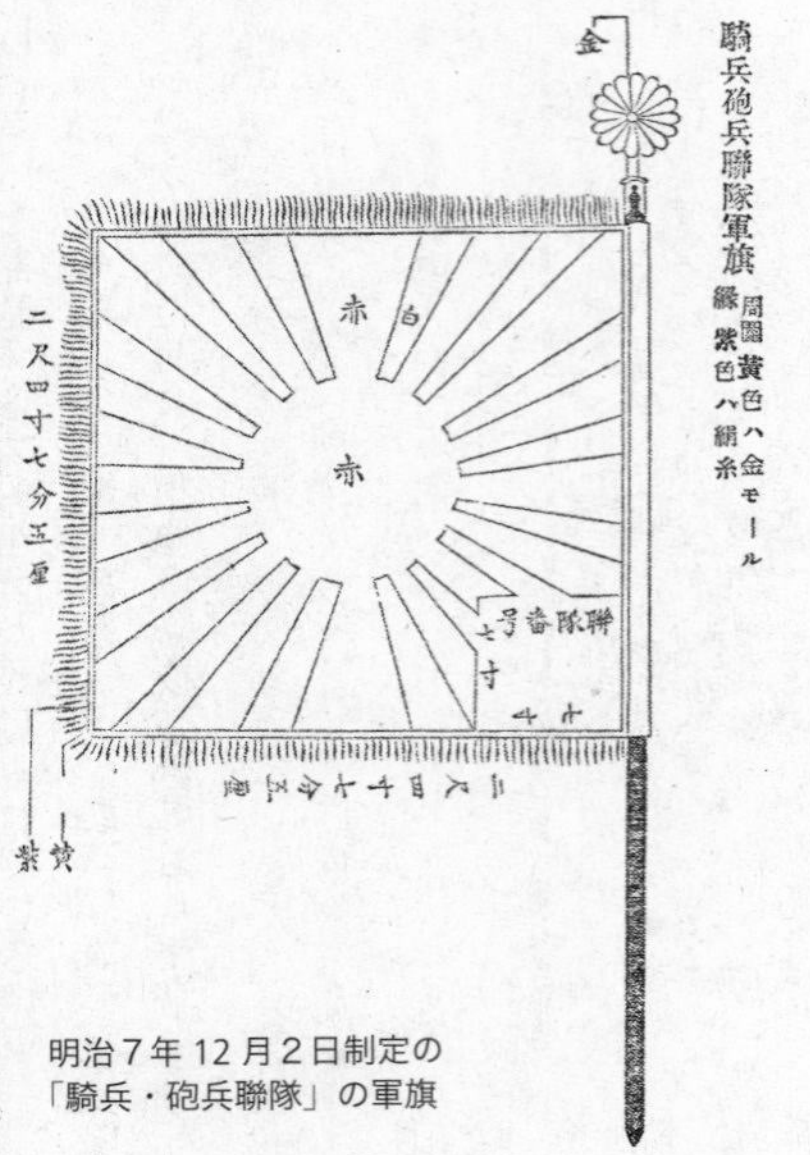

明治7年12月2日制定の「騎兵・砲兵聯隊」の軍旗

「軍旗」は軍の主兵とされた「歩兵聯隊」と軍の花形とされた「騎兵聯隊」にの

み、「大元帥陛下」みずからが親授するものであり、聯隊の団結の象徴となるとともに「大元帥陛下」の分身として神聖なものとして扱われた。

また、軍縮や改変等により聯隊が廃止された場合には「軍旗」を宮中に返還する。

なお、戦闘において「軍旗」の紛失は絶対の厳禁とされており、戦闘中の非常事態において止むをえぬ場合は奉焼と呼ばれる焼却処理を行なっており、絶対に軍旗を敵手に渡さないような手段がとられた。

実戦においては「ノモンハン事件」や「大東亜戦争」で実際に軍旗の奉焼が行なわれたほか、「大東亜戦争」下の「歩兵第百七十聯隊」のように輸送船の沈没による軍旗の海没というケースもあった。

軍旗の保管と軍旗歩哨

「軍旗」は「聯隊本部」内の「聯隊長室」に隣接した「軍旗奉安室」で厳重に保管が行なわれており、戦時・平時に関わらず常に着剣した「軍旗衛兵」により護られていた。

「軍旗衛兵」は、「軍旗」奪取や破壊を目論む闖入者に対する警戒はもちろんのこと、火災等の災害発生時には軍旗の退避・避難等の「軍旗」保護の任務も受け持っている。

また、「軍旗」は保護の目的で平時は旗部分に「軍旗覆」と呼ばれる布製カバーが掛けられており、礼典以外の移動の際もカバーを掛けたままの移動が行なわれた。

兵営で「軍旗」を常時に警護する「軍旗歩哨」は「歩兵聯隊」と「騎兵聯隊」のみに設けられた歩哨で、「風紀衛兵」より兵員が抽出された。

「軍旗歩哨」の任務は、「聯隊長室」に隣接した「軍旗奉安室」にある「軍旗」「御真影」「勅諭」の守護であり、火災発生時は聯隊本部の勤務要員と協力して「軍旗」「御真影」「勅諭」を守るとともに、非常時には「軍旗」「御真影」「勅諭」を避難させる。

また、「軍旗」の奪取・破壊を目的とした侵入者に対して、「軍旗歩哨」は軍旗の守護を行ない、状況に応じては携帯兵器の使用が許されていた。

儀式と敬礼

陸軍のオフィシャルな儀式には「観兵式」「礼砲式」「儀仗」「堵列」「伺候式」「御真影奉拝式」「軍旗送迎式」「命課布達式」「離隊式」「入隊式」「除隊式」「出陣式」「勲章授与式」があり、この中で「軍旗」を奉持する儀式には「軍旗送迎式」「入隊式」「除隊式」「出陣式」があった。

「軍旗」に対する敬礼は、「軍刀」を「帯刀」している場合は刀を抜いての「抜刀」、小銃を「執銃」している場合は銃剣を「着剣」しての敬礼を行なう。

また、軍人や軍属が「軍旗」に遭遇した場合や、「軍旗」の前を通過する場合は、一端停止して軍旗に対しての敬礼を行なう。

軍旗の運用と軍旗護衛隊

「聯隊旗」を捧持する「旗手」は、通常は成績優秀で外見美麗な新任少尉が任務に付く。

「聯隊長室」に隣接した「軍旗奉安室」に奉安された状態の「軍旗」と「聯隊長」

「軍旗」の移動に際しては、「旗手」と軍旗の左右で護衛任務に付く「護衛下士官」二名と軍旗を誘導する「誘導将校」の合計四名で「軍旗護衛隊」を編成して軍旗の移動を行なう。「軍旗」はその特性上、方向転換に際し

「歩兵第三十九聯隊」の軍旗。軍旗を奉じた「旗手」の左右には着剣した「三八式歩兵銃」を持った「護衛下士官」がおり、右端に抜刀した「誘導将校」がいる

て後退することは無いために、後方に方向転換する場合は「誘導将校」が方向転換の号令を二回かけて方向転換を行なう。

具体的に「軍旗護衛隊」が右回りで百八十度方向転換する場合、「誘導将校」は以下の号令をかけて「軍旗護衛隊」を動かす。

まず移動に際して「誘導将校」は移動を示す「予令」である『護衛隊、移動する』の号令を「軍旗護衛隊」に掛けることで、これより移動を行なうことを告知する。

「予令」につづいての実際に移動を命じる「動令」と呼ばれる命令である『前へ、進め』を掛ける。この『前へ』の号令で「軍旗」の左右にいる「護衛下士官」は着剣している小銃を「立銃」の状態から肩に銃を担ぐ「担銃」を行ない、『進め』の号令で「軍旗護衛隊」は左足より前進をはじめる。

つづいて『右に向きを変えて、進め』の号令を二回掛けて「軍旗護衛隊」を百八十度回転させた後に、『護衛隊、停止する』の「予令」を発して護衛隊に停止を予告した後に『護衛隊、止まれ』の号令を掛けて護衛隊を停止させる。

停止した後に「軍旗」の左右を護る「護衛下士官」は、小銃を「担銃」より「立銃」とする。

軍旗の運用と軍旗衛兵

演習や作戦等で部隊単位の行軍に「軍旗」がともなう場合は、聯隊隷下の一個歩兵中隊を「軍旗護衛中隊（通称「軍旗中隊」）」とするとともに、この護衛中隊より抽出した兵員で「軍旗衛兵隊」を編成する。

移動に際して「軍旗衛兵隊」は五名の着剣した兵員が「旗手」を「コの字型」に取り囲んで「軍旗」を常時警護する。

なお、「軍旗護衛中隊」は聯隊本部直轄の予備兵力として運用された。

行軍間の停止時や休憩・露営等の場合は、「軍旗衛兵隊」の三名の兵員が着剣した三梃の小銃を組み合わせて「叉銃」を行ない、この「叉銃」に軍旗を立て掛ける。

大正十三年九月に演習中の千葉県鴨川町（現「鴨川市」）で撮影された「騎兵第十五聯隊」の軍旗。「聯隊旗」を持つ「旗手」の右に「誘導将校」、左に起剣した「四四式騎銃」を持った「護衛下士官」がいる

また、演習や出征等で軍旗が出動する場合は、「軍旗奉安室」より取り出された「軍旗」は「軍旗護衛隊」によって兵営の営庭まで進出して、その後は「軍旗衛兵隊」の護衛下に入る。

軍旗祭

「歩兵聯隊」と「騎兵聯隊」では、「軍旗」を親授された日を記念日として「軍旗祭」が行なわれた。

「軍旗祭」の当日は近隣の住民が兵営に招待され、将兵による記念儀式・分列行進等が行なわれるほか、アトラクションとして模擬戦や仮装行列・模擬店等も行なわれた。

第13話 軍馬と厩

「生きている兵器」こと「活兵器」として扱われ、
「騎兵」「砲兵」「輜重兵」はもちろんのこと、
「歩兵」における兵器等運搬でも用いられた「軍馬」を紹介する

軍馬について

陸軍では明治建軍より馬を軍用動物の「軍馬」として用いており、「軍馬」は「生きている兵器」こと「活兵器《かっぺいき》」と呼ばれて平時より大切に扱われていた。

「軍馬」は大別すると、将兵が乗る「乗馬」と、物資を牽引する「輓馬《ばんば》」と、荷物を搭載する「駄馬《だば》」の三つに分けられる。

「乗馬」は乗馬本分者と呼ばれる乗馬勤務の将兵が乗る軍馬であり、「騎兵」の将兵や、馬匹編成の「砲兵」の将兵のほか、歩兵の場合は規則上では「大隊長（少佐）」以上が馬に乗る。

乗馬用の鞍は将校用では「将校乗馬具」が用いられ、下士官兵用は「三十年式乗馬具」が用いられた。

「輓馬」は馬匹で荷物を牽引するための馬であり、荷物を搭載した大八車タイプの「輜重車」と呼ばれる荷車の牽引のほか、兵器面では「砲車」「弾薬車」「器材車」等の牽引を行なった。

陸軍での主要な物資輸送用の荷車である明治三十九年制定の「三九式輜重車」は、軍馬一頭による牽引で五十貫（約百八十八キロ）の荷物が輸送可能であった。

「駄馬」は馬匹の背に乗せた「駄鞍」と呼ばれる鞍に荷物を搭載する運搬方法であり、陸軍で多用された大正五年制定の「五年式輜重駄馬具」の駄鞍《だあん》には二十五貫（約九十四キロ）の荷物が搭載可能であった。

厩

軍馬は「騎兵」「砲兵」「輜重兵」はもちろんのこと、徒歩が主体の「歩兵」でも兵器・資器材・糧秣・弾薬等の運搬に用いられており、各聯隊隷下の馬匹を用いる中隊では中隊単位で馬匹を収容する「厩」が設けられており、中隊単位で馬匹の保護を行なう「厩当番」が交替で設けられて軍馬の世話が行なわれた。

実際の「厩」での軍馬の世話は、馬匹取扱部隊で中隊単位に「上等兵」一名が「厩

「騎兵聯隊」での馬匹手入れの状況。写真左側には「厩」より「手入場」に出された軍馬が見られ、写真右後には「水飼」に使う「水飼場」があり、コンクリート製の水槽が見える

周番上等兵」となり、「週番下士官」の指揮をうけて厩の内外の衛生状況や防火体制を視察するとともに、隷下中隊から派遣された「厩当番」と呼ばれる使役兵を指揮して、馬匹の世話・厩の清掃・馬具の手入れを行なった。

また、多くの厩が木造であり、秣《まぐさ》等の可燃物が多いため、とくに防火に対する注意が常になされており、火災発生時は軍馬を厩外に逃がす手はずが整えられていた。

なお、「厩」で溜まった「馬糞」は、「馬糞運搬人」と呼ばれた出入業者や、近郊の契約農家が定期的に回収に訪れた。

このほかに「騎兵聯隊」「砲兵聯隊」「輜重兵聯隊」等の馬匹の多い部隊では、馬具の修理を行なう「鞍工場」と蹄鉄を製造・補修する「蹄鉄工場」があり、馬匹の少ない「歩兵聯隊」等では銃器修理の「銃工場」と木工を行なう「木工場」が馬具の修理と蹄鉄の製造を兼務した。

軍馬の手入れ

軍馬の手入れは朝夕の二回行なわれ、手入れに際して各馬の頭部に付けられている「勒《くつわ》」を通常の「野繋勒《やけいろく》」から「水勒《すいろく》」に付け替えてから、「厩」に隣接した「手入場」に軍馬を連れ出して、「手入具」で馬体の汚れを取り除いた後に、血行の促進と疲労回復の目的で、「束藁《そくこう》」ないし「揉藁《もみわら》」と呼ばれる藁束を用いての「摩擦」と呼ばれるマッサージが行なわれた。

軍馬の主要な「手入具」には、各馬ごとにズック製の「手入袋」に収められた「鉄櫛」「毛櫛」「根櫛」「木櫛」「雑巾」「鉄箆」と「蹄洗桶」がある。

「鉄櫛」は馬匹の首・胸・尻等の皮膚の厚い部分の垢の掻き取りに用いる櫛であり、「毛櫛」は「鉄櫛」で掻き起こした垢の除去とともに身体全部の垢の掻き出しに用い、「木櫛」は「鬣《たてがみ》」「髴《まえがみ》」等の長毛のメンテナンスに用いる。

「雑巾」は目・鼻・口・肛門等の清拭に用いる。

「騎兵第二十六聯隊」の厩の状況。「寝藁」の乾燥が行なわれている

「鉄篦」は脚部の蹄部分の泥や汚物の除去に用いるヘラである。

「蹄洗桶」は、蹄の洗浄とともに雑巾の洗浄にも用いる桶であり、バケツを用いるケースもあった。なお、蹄には洗浄後に、「蹄鉄」の装着状況と消耗状況の確認と、蹄保護を目的として植物油をベースとした「蹄油」と呼ばれるメンテナンスオイルを、「塗油用布巾」と呼ばれる専用布巾で塗布する。

蹄鉄のメンテナンス

軍馬の身体の手入れと並んで、「蹄鉄」のメンテナンスも重要であった。

軍馬は「蹄《ひづめ》」保護のために蹄の下部に「蹄鉄」が付けられており、軍馬手入れの際に蹄の健康状態の確認と併せて、「蹄鉄」の摩耗や取り付け状態の確認が行なわれた。これは「蹄鉄」は歩行による摩耗のほかにも、馬匹の蹄部分の成長により、緩みや脱落が発生して事故につながることがあるためであった。「蹄鉄」には通常の「尋常蹄鉄」と結氷期に用いるスパイク付きの「氷上蹄鉄」の二種類があり、サイズ面では馬体に応じて一号〜六号までの六種類があり、「蹄釘」と呼ばれる専用の釘で蹄の裏に打ち付けられる。

「野砲兵第二聯隊」の「蹄鉄工場」内部の様子。蹄鉄の製造が行なわれている

「尋常蹄鉄」は約五百キロの行軍に対応する耐久力があり、「氷上蹄鉄」は百六十キロの距離の防滑力がある。

軍馬の食事

軍馬の食事には、水を与える「水飼《すいこう》」とエサを与える「飼付《かいつけ》」がある。

水飼

馬匹に水を与える「水飼」は一日に平均して四回以上が行なわれ、水量は季節や馬体により異なるが、通常一頭あたり二十五〜三十リットルが目安とされた。

「水飼」は厩前にある「水飼場」と呼ばれるコンクリートないし木製の飲水用水槽で行なわれた。

とくに馬は疝痛と呼ばれる便秘を起こすと死につながるケースが多いことから、「水飼」は確実に行なうことが規定されており、部隊によっては朝の水飼時に軍馬が確実に水を飲んでいるかを確認するために、馬の首に手を当てて喉の動きを見て十回以上の引水を確認する場合もある。

飼付

「水飼」が終わると、つづいて「厩」内部に軍馬を戻して一斉に「飼付」が行なわれ

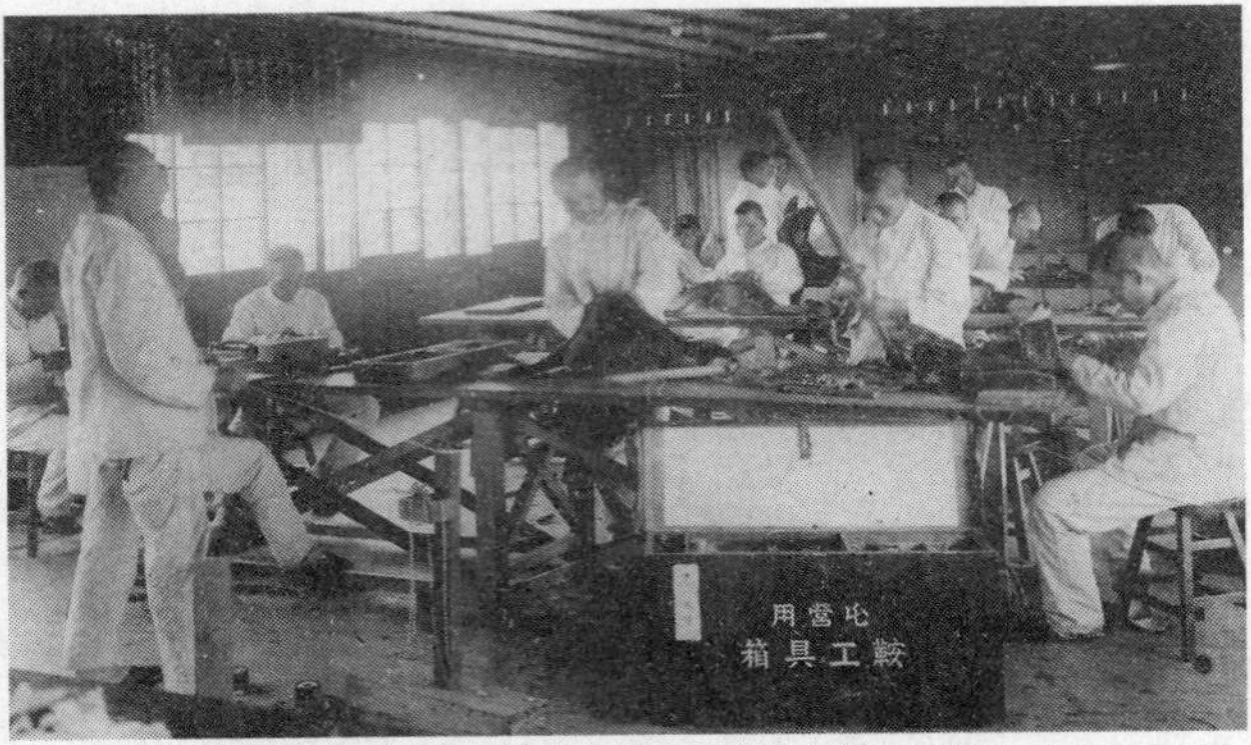

「野砲兵第二聯隊」の「鞍工場」内部の様子。写真手前には部隊設置用の「屯営用　鞍工具箱」があり、後方の机では馬具類の修繕が行なわれている

る。これは馬のエサが乾燥飼料であるため、事前に水分を取ることで採食・消化・吸収の促進を行なわせるのである。「飼付」は一日に三〜四回を標準とした。

「馬糧」と呼ばれる馬匹のエサは、毎日、各中隊本部付の「曹長」が「週番士官」より検印により承認された「給飼伝票」と呼ばれる馬糧の支給伝票を、「聯隊本部」の「経理委員」に渡して馬糧を受領した後に「厩週番上等兵」に交付し、「厩週番上等兵は中隊隷下の各内務班にこれを分配する。

各内務班の「厩当番」は分配された馬糧を馬体に合わせて規定された「飼付区分」にしたがい分配の後に、厩内の各軍馬の前方にある木製の「飼槽」と呼ばれる容器に入れる。

馬糧の主体は「干草」であり、このほかに「大麦」を主体とした穀類には「食塩」と「切藁」を混合する。

馬糧は毎日の提供量が「陸軍給与令」により定められていた。

陸軍の軍馬はその勤務状況により「第一種馬」～「第三種馬」の三種類に分けられており、「陸軍給与令」による軍馬一頭に対する一日あたりの馬糧は表1のとおりである。

　また、馬糧のカテゴリーには「基本馬糧」と「代用馬糧」の二種類（表2）があり、「基本馬糧」は陸軍制式の馬糧で「干

馬糧一覧（表1）

<table>
<tr><th colspan="2" rowspan="3">区　分</th><th colspan="4">一頭一日の量</th></tr>
<tr><th rowspan="2">大麦</th><th rowspan="2">秣</th><th rowspan="2">藁</th><th>増飼</th></tr>
<tr><th>大麦</th></tr>
<tr><td>第一種馬</td><td>将校乗馬
将校相当官乗馬
騎兵隊隊馬
野砲兵乗馬
野砲兵輓馬
要塞砲兵乗馬
要塞砲兵輓馬
騎兵学校校馬
野砲兵学校校馬</td><td>4升6合</td><td rowspan="3">1貫</td><td rowspan="3">1貫</td><td rowspan="3">1升2合</td></tr>
<tr><td>第二種馬</td><td>山砲兵乗馬
山砲兵駄馬
憲兵乗馬
輜重兵乗馬
諸学校校馬
其の他の乗馬</td><td>4升</td></tr>
<tr><td>第三種馬</td><td>輜重兵駄馬
輜重兵輓馬</td><td>3升8合</td></tr>
<tr><td colspan="6">＊増飼とは激務時の増加飼糧のこと</td></tr>
</table>

※1貫＝3.75㌔

草」「大麦」「藁」「食塩」であり、「代用馬糧」は「基本馬糧」の代用とするものである。

「基本馬糧」に対する代用品である「代用馬糧」の換算割合は表3のとおりである。

このほか馬匹の寝具である「寝藁」と呼ばれる干草は、朝夕の馬匹手入れの際に分配された。

基本馬糧と代用馬糧（表2）

区分		品目
基本馬糧		干草 大麦 藁 食塩
代用馬糧	大麦代用	燕麦 高粱《こうりゃん》 玉蜀黍《とうもろこし》 大豆 豆粕 裸麦 小麦 麬《ふすま》 米糠 干草 根菜類
	干草代用	牧草 青刈燕麦 藁 粟稈《あわかん》 稗《ひ》稈《かん》類
	藁代用	稈《かん》類

代用馬糧の換算割合と日量制限（表3）

基本馬糧	品種	換算割合（グラム）	日量制限
大麦 1000グラム	燕麦	1000	定量の全量
	高粱	1000	定量の1/3以下
	玉蜀黍	900	
	大豆	800	
	豆粕	1000	
	裸麦	900	
	小麦	900	
	麬	1500	定量の1/2以下
	米糠	1000	
	干草	3000	
干草 1000グラム	牧草	1000	定量の全量
	青刈燕麦	1000	
	藁	1500	
	生草	4000	
	粟稈 稗稈	1500	
藁 1000グラム	稈類	1500	定量の全量

第14話

兵食と炊事場

「勅令第六十七号」で制定された「陸軍給与令」、下士官・兵に提供される食事である「兵食」等、日本陸軍の給与システムと兵営の「炊事場」を紹介する

陸軍の給与規定

日本陸軍の平時の給与規定は、明治二十三年三月二十七日に「勅令第六十七号」で制定された「陸軍給与令」により行なわれた。

この「陸軍給与令」は明治より大正期を経過して昭和十八年の改正まで、平時の陸軍給与を定めた規定であり、特徴として平時における円滑な食料品の調達を行なう目的で「委任経理」と呼ばれる陸軍独自のシステムが採用されていた。

「委任経理」のシステムとは、部隊が必要とする兵器・弾薬・被服・機材以外の糧秣・物品・消耗品の類を、軍が現物支給を行なわずに必要経費を実支給して、実際の調達は部隊単位で行なうシステムである。

陸軍給与令　給与定額一覧　昭和11年

区分	項目	細目	内訳	日額	受給者
基本定額	一般糧食	主食	精米	4合2勺	・地区・階級・兵種・時期の如何を問わずに均一に支給 ①営内居住の下士官以下 ②糧食自弁者で公務による負傷で入院する者 ③野外演習等で自炊をなす場合に参加した糧食自弁者 ④除隊の際に病気等で帰郷が不可能な者
基本定額	一般糧食	主食	製麦	1合8勺	
基本定額	一般糧食	賄料	第一区	19.1銭	
基本定額	一般糧食	賄料	第二区	18.8銭	
基本定額	一般糧食	賄料	第三区	18.5銭	
基本定額	一般糧食	賄料	第四区	18.2銭	
増加定額	増賄料	在学中の生徒		2銭	・一般の「賄料」のほかに支給 士官学校・幼年学校に在学中の生徒 宮闕守衛の衛兵 糧食官給者で転地療養中の者
増加定額	増賄料	宮闕守衛の衛兵		16銭	
増加定額	増賄料	その他		6.5銭	
増加定額	野外増賄料			4.2銭	野外演習等で自炊を行なう場合の参加者全員
増加定額	夜食料			6銭	・3食の他に「小夜食」の名称で提供 ①夜間作業ないし夜行軍が4時間以上の場合 ②露営参加の軍人・軍属 ③不寝番を行なう下士官以下
拘禁・留置・懲罰中定額	拘禁者・留置者	力行に服する者	主食 精米		600グラム
拘禁・留置・懲罰中定額	拘禁者・留置者	力行に服する者	主食 製麦		180グラム
拘禁・留置・懲罰中定額	拘禁者・留置者	力行に服する者	賄料 第一区		10銭8厘
拘禁・留置・懲罰中定額	拘禁者・留置者	力行に服する者	賄料 第二区		10銭2厘
拘禁・留置・懲罰中定額	拘禁者・留置者	力行に服せざる者	主食 精米		500グラム
拘禁・留置・懲罰中定額	拘禁者・留置者	力行に服せざる者	主食 製麦		150グラム
拘禁・留置・懲罰中定額	拘禁者・留置者	力行に服せざる者	賄料 第一区		10銭8厘
拘禁・留置・懲罰中定額	拘禁者・留置者	力行に服せざる者	賄料 第二区		10銭2厘
拘禁・留置・懲罰中定額	拘禁者・留置者	懲戒減食の者	主食 精米		200～300グラム
拘禁・留置・懲罰中定額	拘禁者・留置者	懲戒減食の者	主食 製麦		60～90グラム
拘禁・留置・懲罰中定額	拘禁者・留置者	懲戒減食の者	賄料		3銭6厘
拘禁・留置・懲罰中定額	重営倉		主食 精米		4合2勺
拘禁・留置・懲罰中定額	重営倉		主食 製麦		1合8勺
拘禁・留置・懲罰中定額	重営倉		賄料		3銭6厘
拘禁・留置・懲罰中定額	軽営倉				基本定額による
拘禁・留置・懲罰中定額	地方区分は陸軍大臣が定める 表彰を有する囚人に、増菜を行なう場合は1回に4銭を増額				
食料	将官 同相当官			84銭	・一般の「糧食」に代えて「食料」の名称で現金支給される ①諸学校に入校中で外泊を命じられた営内居住の下士官以下 ②伝染病等により詰切を命じられた営外居住者 ③居残勤務を命じられ食事を必要とする営外居住の下士官以下
食料	准士官			69銭	
食料	下士官以下			60銭	

この委任経理システムにより、部隊の経理を担当する「主計将校」は市井の民間業者から主食の米麦を購入するとともに、同じく規定された「賄料」と呼ばれる副食・光熱費用の支給金より副食・燃料の調達を行なった。この「賄料」は地域ごとの価格差に対応すべく、国内を複数の地域に分けて区域ごとの金額を規定した。

また、将校・同相当官と兵営外に起居する「営外居住者」と呼ばれる下士官は、「食料」と呼ばれる日額の食事代が支給されており、この食事代である「食料」によって食事の自弁調達を行なった。

このほかに訓練や激務作業時の増加食用として「増賄料」と、夜間勤務時の「夜食料」が日額で規定されていた。

右表に昭和十一年の「陸軍給与令」にある給与額一覧を示す。「陸軍給与令」は時代とともに幾度も改正が行なわれた。

後の「大東亜戦争」勃発後は、平時用の「陸軍給与令」と戦時用の「戦時給与令」を統合した大東亜戦争中のみに有効な時限立法である「大東亜戦争給与令」に統合された。

「大東亜戦争給与令」は昭和十八年七月二十八日に「勅令第六百二十五号」で制定され、同年八月二日より施行された。

兵食の献立

陸軍では下士官・兵に提供される食事を「兵食」と呼び、毎回の「兵食」の献立は各部隊の「主計将校」の先任である「経理主任」が「軍医」の意見を参考にしながら、翌週一週間分の「献立予定表」の起案を行ない「部隊長」の承認を受けて作られる。

週間の「献立予定表」の立案に際しては「栄養」「経済」「嗜好」を三つのポイントとしてプランニングされた。

部隊単位での毎日の「兵食」

大正初期の「輜重兵第三大隊」の炊事場。井戸に隣接した屋外炊事場で、野菜の下準備が行なわれている

の数の算定は、各中隊の中隊本部附の「給与掛下士官」と呼ばれる補給担当下士官が、前日より自己の中隊の必要食事数を調べて「食需伝票」と呼ばれる管理伝票に必要数を記入した後に、部隊の「経理委員」に提出するシステムが採用されており、「経理委員」ではこの届けられた「食需伝票」を集計して、翌日の部隊全体の「兵食」の必要数を決定して「炊事場」へ調理数の指示が出された。

実際の「兵食」の調理にあたっては、部隊本部の「経理委員」の指揮を受けた本部附「炊事係

「歩兵第七十五聯隊」の炊事場。副食の魚料理の下準備中であり、鱗と内臓の除去作業がすんだ魚を切り分けている

調理が行なわれた。

炊事場

兵営での炊事は、明治建軍期より明治二十年ごろまでは中隊単位での炊事が行なわれており、各兵舎の付属設備として「洗濯洗面所」に隣接して「炊事場」が存在していた。

日本陸軍の従来までの国内対応の防衛軍より外征軍への改編期である、明治二十年を境とした「鎮台」より「師団」への移行期を前後として、部隊での食材費・光熱費・作業の能率化を目的として、炊事方法が従来の中隊単位より聯隊ないし部隊単位での調理が行なわれるようになった。

ただし大人数の将兵を擁する「歩兵聯隊」では下士官」が主任となって、隷下部隊より「炊事当番」として勤務する兵員を炊事係として使用して

大正中期に撮影された「歩兵第二十九聯隊」の炊事場。写真左に「飯蒸罐」と呼ばれる炊飯専用のスチーム調理器が見られる

部隊によっては大隊単位での炊事場が設置されているケースも多かった。

炊事場の調理用の「竈」は、当初は薪ないし石炭が用いられていたが、大正中期より「蒸気」が用いられるようになった。

この蒸気は炊事場に隣接した「機械室」に設置されたボイラーにより提供されており、炊事のほかにも風呂や部隊によっては冬季の暖房にも用いられた。

初期の炊事場は薪ないし石炭を燃料とした「竈」と「鉄鍋」を用いて、「米麦飯」の炊飯や味噌汁等の「汁物」と煮物を中心とした「副食」の調理が行なわれており、焼魚等の焼物は炊事場の建物外で七輪ないし地面に溝を掘っての調理が行なわれ、また野菜類の下処理等は屋根のみがある場所での加工が行なわれた。

献立と米麦飯

朝昼晩の三回ごとに提供される「兵食」は、主食に「米」と「麦」を混合した「米麦飯」二合と「副食」と「汁物」に「漬物」と「茶」がワンセットで提供された。

この「兵食」は原則として一汁一菜のスタイルであり、季節的に差違はあるものの全般的に、朝食は「米麦飯」「汁物」「漬物」「茶」であり、昼食は、「米麦飯」「副食」「漬物」「茶」、夕食は「米麦飯」「副食」「汁物」「漬物」「茶」が提供されるスタイルが多かった。

戦前期の一般家庭の炊事の多くは、朝食時に朝・昼・晩の一日分の米飯（多くは米麦飯）を一度に焚いて、朝食は暖かい米飯を汁物と一緒に喫食するものの、昼・晩は木製の「御櫃」にいれて保存してある冷めた状態の米飯をそのまま喫食するケースがほとんどであり、これに対して兵営では朝昼晩の毎食ごとに炊飯して暖かい米麦飯を喫食していた。

これは兵営での大規模な炊事設備を用いての大量の炊事が可能なことにより、温熱給食を提供するという士気の面は勿論のこと、保存のきかない米麦飯では食中毒をはじめとした衛生の観点からも重要なポイントであった。

米麦飯の調理において米麦の混合比は七対三であり、「大麦」は明治三十年代中期までは麦の外皮を取り除いたのみの「丸麦」ないし石臼で麦を砕いた「挽割麦」が主体であり、米にくらべて煮えにくいため、あらかじめ「丸麦」を湯がいておいてから「米」と炊飯するか、はじめから米と混合して焚く場合は石臼で麦を砕いた「挽割麦」が用いられた。

明治三十五年になると、「挽割麦」に代わりローラーを用いて「大麦」を潰した「押麦（圧搾麦）」が登場する。

のちの大正二年になると従来の手動式ローラーに代わり、モーター動力により「大麦」を「押麦」に精製加工する「鈴木式精麦機」が登場して「押麦」のシェアが一気に広がった。

昭和三年になると品質の安定と価格低下を目的として、「陸軍糧秣本廠」で陸軍が消費する米麦の一括買い付けを行ない、「陸軍糧秣本廠」とその隷下の各「支廠」において米麦の精製が行なわれるようになった。また、このほかにも、品質管理と価格低減を目的として調味料の「味噌」「醤油」と「燃料」の一括した一元調達がなされるようになった。

このシステムの採用により、「陸軍糧秣本廠」と「支廠」が市井より購入した「玄米」を搗精して「胚芽米（無砂胚芽米）」として、「精麦」は市井に多い「混砂搗精麦」ではなく「無砂搗精麦」のスタイルで精製が行なわれ「丸麦」「挽割麦」「押麦」に加工された。

「歩兵第五十四聯隊」の炊事場。米研ぎの状況であり、写真右では笊に入れた米に水道水を用いてのすすぎを行なっており、左側では手動式の「林田式洗米器」を用いての洗米が行なわれている

第15話

配食と食事

「配食」や、内務班の食事と食器、演習場の食事、風紀衛兵や営倉の食事等を紹介した「食事と食器」、食事の準備、喫食についての注意等の「食事の注意」を紹介する

配食

部隊の炊事場で完成した「兵食」は、各内務班の人数分ごとに配食容器に取り分けられて、炊事場に隣接した配食場所に置かれる。

食事の時間になると各内務班より、使役兵が出されて炊事場に食事を取りに行き、食事が終了すると、洗浄した食器類を返却する。

この食事を取りに行くことは「めしあげ」と呼ばれていた。

なお、炊事場での各内務班単位での食事の分配は、主食の米麦飯は「飯櫃」と呼ばれる蓋付きのバケツ状の容器に収められ、味噌汁等の汁物は「汁桶」と呼ばれる容器に入れられて、副食は最初から「皿」に各個人宛の量が盛り付けられて「菜台」と呼

炊事場での配食の様子。写真後方にはスチームで米麦飯を炊く「飯蒸罐」がある。「飯蒸罐」は通常の蒸気釜と異なり、内務班単位での配食容器を兼ねた「飯蒸函」に研いだ米を入れて罐内にセットする。写真手前では「菜台」と呼ばれる木製取手付の容器に「皿」に入れた副食の分配が行なわれている。「菜台」の下には「菜台」を置くための木製の「菜台の台」がある

ばれる大型の取手付きの木製盆に各内務班分の定数が揃えられた。

この「飯櫃」は飯を収める缶であることから、通称「飯缶」と呼ばれていた。

また、茶湯と漬物も各内務班ごとに、「薬缶」と「漬物桶」に分配されていた。「薬缶」は大型のアルミ製であり、明治中期までは「土瓶」が用いられており、「漬物桶」は取手付きの木製であるが後にアルミ製ないし陶製の「漬物入」も用いられている。

食事と食器

内務班の食事と食器

「めしあげ」により炊事場より内務班には運ばれた食事は、内務班で配食が行なわれる。内務班で下士官兵が食事に用いる食器には主食の米飯を入れる「飯椀」と、汁物を入れる「汁椀」と、副食を入れる「皿（別名「菜皿」）」と「湯呑」「箸」があり、付属品として「箸袋（箸箱）」「布巾」と食器を入れる巾着スタイルの「食器袋」がある。これらの食器は陶器ないしアルミ製であった。

これらの食器は兵員各自一組ずつが個人専用の食器として支給され、内務班内で各自が保管した。

「飯櫃」に収められた主食の米麦飯と、「汁桶」に入れられた味噌汁等の汁物は、「飯椀」と「汁椀」に盛り付けられて、「菜台」で運ばれた副食を入れた「皿」はそのまま各自に配食されるとともに、漬物を入れた「漬物桶」と茶湯を入れ薬缶と湯呑・箸を卓上にセッティングして、準備完了後に内務班の総員が揃って食事をとった。

内務班長をはじめとする下士官は内務班で食事をとるほか、各個の下士官室で食事をとる場合もあり、この場合は内務班で盛り付けの終わった「兵食」を盆に乗せて兵

明治末期の「めしあげ」の状況。写真左手では炊事要員がトレーに乗せた副食を入れた「皿」を「めしあげ」要員に渡しており、「めしあげ」要員は受け取った「皿」を「菜台」にのせている。また写真右手では竹籠により運ばれてきた「面桶」を、「めしあげ」要員が受け取っている様子が見られる

が内務班に隣接している「下士官室」に運んだ。

なお、「飯椀」が制式採用となる明治四十年以前は、建軍当初より主食は木製長方形の「面桶」と呼ばれる蓋付き容器に炊事場で各人ごとに取り分けられていた。この「面桶」は「めんとう」ないし「めんつう」と呼ばれており、この読みがなまって「メンコ」となり「兵食」の代名詞である「メンコ飯」の起源になったとされている。

この「面桶」は「飯椀」

の制式後も在庫があるかぎり各兵営で使用されており、大正中期ごろに存在を消している。

演習場の食事

兵営近傍の演習場で行なわれる各種の訓練・演習が午前より午後にまたがる場合の昼食は「弁当」となる。

「弁当」は多くの場合、将兵が携帯している各自の「飯盒」であらかじめ当日の朝に調理した食事を「昼食」とする場合が多く、「箸」は「箸袋」に収めた状態で「雑嚢」に収納した。

また、場合によっては、兵営より「弁当」と「ヤカン」に入れた茶湯を取り寄せる場合もあった。

このほかに大規模な演習に出向いた場合は、演習場の付属施設として「廠舎」と呼ばれる将兵の宿泊設備があり、隣接する「炊事場」で調理された食事を各自の「飯盒」や「廠舎」備え付けの食器で喫食した。また、長期演習の場合は「飯盒」以外にも兵営から食器類を持ち込んで調理された食事を食べるケースもある。

風紀衛兵の食事

衛兵は上番と呼ばれる勤務につくときに、自己の「食器類」を収めた食器袋を「背嚢」に入れた状態で上番して、食器は衛兵所にある「食器箱」に納める。

食事はそのつど衛兵の控兵より使役要員を出して炊事場へ受領に行くか、衛兵の所属する中隊から使役兵が炊事場より受領した配食容器に入れた食事を届けて、これを「衛舎掛」が受領して、各自の食器に配食した後に「控兵」の半数ずつが交代で喫食する。この際に勤務中の者の食事は「食器箱」に納める。

食事終了後は、「控兵」が食器と配食容器を近隣中隊の洗濯洗面場を借りて洗った後に炊事場に返却するか、所属中隊よりの使役兵に渡しての炊事場への返却が行なわれた。

営倉の食事

陸軍の各部隊には隊内での犯罪者を一時的に拘留するための「営倉」があった。「営倉」は営門脇にある「風紀衛兵所」の裏手に設置されており、営倉入の者がいる場合は二十四時間交代で衛兵が見張りについた。

「営倉」に入れられる「営倉入」と呼ばれる者には、犯罪で一時的に身柄を拘留する「拘留者」と、反省を促すための「軽営倉」と「重営倉」があり、対象者を営倉に入れる前に身体検査が行なわれるとともに、自殺防止のために軍服から「襟布」や「腰紐」等を取り除かれる。

「軽営倉」の食事は衛兵が運び、一日三回の食事は普通の「兵食」であり、就寝に際しては寝具が与えられる。

「重営倉」の食事は衛兵が運び、三度の食事は「飯盒」に入れた二合の「米麦飯」と「食塩」と「水筒」に入れた「白湯」のみであり、毛布等の就寝用の寝具もない。ただしこの「重営倉」の場合でも、三日に一回のサイクルで通常の「兵食」と寝具が付与された。

食事の注意

内務班では食事についての指導・教育も厳しく行なわれていた。これは広義的には軍隊内での常識・礼儀作法の教育の一環ではあるものの、副次的なものとして郷里に帰還後もその教育内容を市井に流布させる含みがあった。

食事の注意には「一般の注意」「食事の準備」「喫食についての注意」の三点に重点が置かれて教育が行なわれ、週に一回程度は「内務班長」が食事に同席するほか、中隊付将校も定期的に食事に同席しての喫食教育が行なわれた。

一般の注意

「一般の注意」では、以下の九点にポイントが置かれて指導された。

「歩兵第四聯隊」の内務班での朝食の状況。卓上には２合の米麦飯を入れた琺瑯引きの「飯椀」と味噌汁を入れた「汁椀」と、茶湯を入れた「薬缶」が見られる

・勤務に差し支えのないかぎり、内務班員全員が集まって食事を行なう。
・内務班長が「食卓長」となる。内務班長が不在の場合は代理の者が班長となる。
・食事は食卓長が食事をはじめてから箸をとる。
・食事中の話題に注意する。
・食事後は食卓長が席を立ってから、席を立つ。
・食後にすぐに動かずに、少し休憩をとる。
・激動後にすぐに食事を行なわず、少し休憩の後に食事を行なう。
・食事前に部屋の清掃を行なわない。
・使役等で定刻に食事を取れない者の食事は、不潔にならないように覆い等を掛けておく。

食事の準備

「食事の準備」には「各人の注意」と「運搬に

ついての注意」があった。

「各人の注意」には、衛生面より「まず手をよく洗う」ことと、盛り付けの多い食器に偏って着席しないように「班長が決めた席次に静かに座る」の二点が教育された。

「運搬についての注意」では「炊事場で受け取る茶は薬缶（土瓶）に八分目ぐらいの量を入れる」「炊事場で受け取る食器洗浄用の湯は、湯バケツに八分目ぐらいを入れる」「配食前に食卓は清潔に拭いておく」「準備ができたらば、食卓長に報告する」「食事は平等に分配する」の五点が教育された。

喫食についての注意

「喫食についての注意」では、以下の十七点をメインとして食事の作法・態度等が事細かに指導された。

基本的な食事作法から、衛生面の注意を経て、外見上の注意点等細かい教育が行なわれていた。

・食事の分配時は先を争わないように行ない、全員の分配が終わらないうちから箸を付けないこと。

・食卓長がいる場合は、食卓長が箸を付けてから食事を行なう。

大正初期の「輜重兵第二大隊」での食事状況。主食の米麦飯は「飯椀」ではなく「面桶」に入れられており、卓上には副食を入れた「皿」と「湯呑」と茶湯を入れた「薬缶」が見られる

・飯椀と汁椀を両手で持って食べない。
・食べる際に口の音を立てない。
・食事中に食器を衝突させて大きな音を出さない。
・物を口の中に入れたままで、話をしない。
・他人の食事の迷惑になるような事をしない。
・食物の不平を言わない。
・煙草は殆どの者が食事を終わってから吸うこと。ただし食卓長がいる場合は、食卓長が吸わなければ吸ってはいけない。
・食事が終わっても、我先に席を立たないこと。ただし食卓長がいる場合は、食卓長が立たねば立ってはいけない。

・食事をしながら脇見をしない。
・食事の際の注意を平素から行なっておくこと。とくに演習等で民間人宅に宿泊した場合に、不体裁を晒すと軍の体面を汚すこととなるので注意する。
・同時に二種以上の副食を食べない。
・漬物を茶湯の中でかき回さない。
・食事の際は、汁を食べてから飯を食べるようにして、汁の無い場合は飯から食べはじめる。
・食卓上になるべく飯粒を落とさないようにし、もし落とした場合はこれを拾って食べないようにして後で片付ける。
・箸に付いている飯粒を口で嘗めたり、箸を深く嘗めない。

第16話

外出と私的制裁

「公用外出」「外出時の注意」等の兵営内における休日の扱い及び、「ビンタ」「花魁」「魚の絵」「自転車」「三八式歩兵銃殿」等の、本来軍隊では禁止されていた、各種様々な「私的制裁」を紹介する

休日と外出

平時の日本陸軍では「日曜日」「祝日」「祭日」「年末年始」「靖国神社大祭日」「陸軍始」「陸軍記念日」「軍旗祭」「慰労休暇日」「代日休暇」は、通常の勤務・演習を休んで兵営内での休養がとられていた。

これらの休日で下士官以下の者で勤務に差し支えのない者は、本人の希望によって外出が可能であった。

兵の外出時間は朝食から夕食時限までであり、下士官の場合は日夕点呼時限までの外出が可能であった。

ただし、「練兵休」と「乗馬休」以上の者と「処罰中」の者は外出できなかった。

営内居住者と呼ばれて営内に居住している下士官・兵の外出には、公務を行なうための「公用外出」と、休暇等に行なわれる一般的な「外出」の二種類があった。

公用外出

下士官兵が公務を行なう目的で兵営外に出る外出である「公用外出」を行なう場合、オフィシャルな外出を証明するために「公用證」と呼ばれる縦六センチ×横四・五センチほどの木製の証明書の携帯が義務づけられていた。

この「公用證」は勤務に先立ち「週番下士官」より受け取り、勤務終了後は速やかに返還する。

なお、昭和十八年の「軍隊内務令」の改正にともない、「公用證」は従来の木札より識別が容易な、通称「公用腕章」と呼ばれる左上腕に巻く幅十センチの腕章タイプに変更された。

外出

営内居住の下士官兵が外出する場合は、外出証明である「外出證」と呼ばれる縦六センチ×横四・五センチほどの木製の携行が義務づけられていた。

「外出證」は、外出に先立ち内務班長より受け取り、帰営後は速やかに返却する。

兵の外出は原則休日のみで、外出時間は朝食後から夕食時限までである。

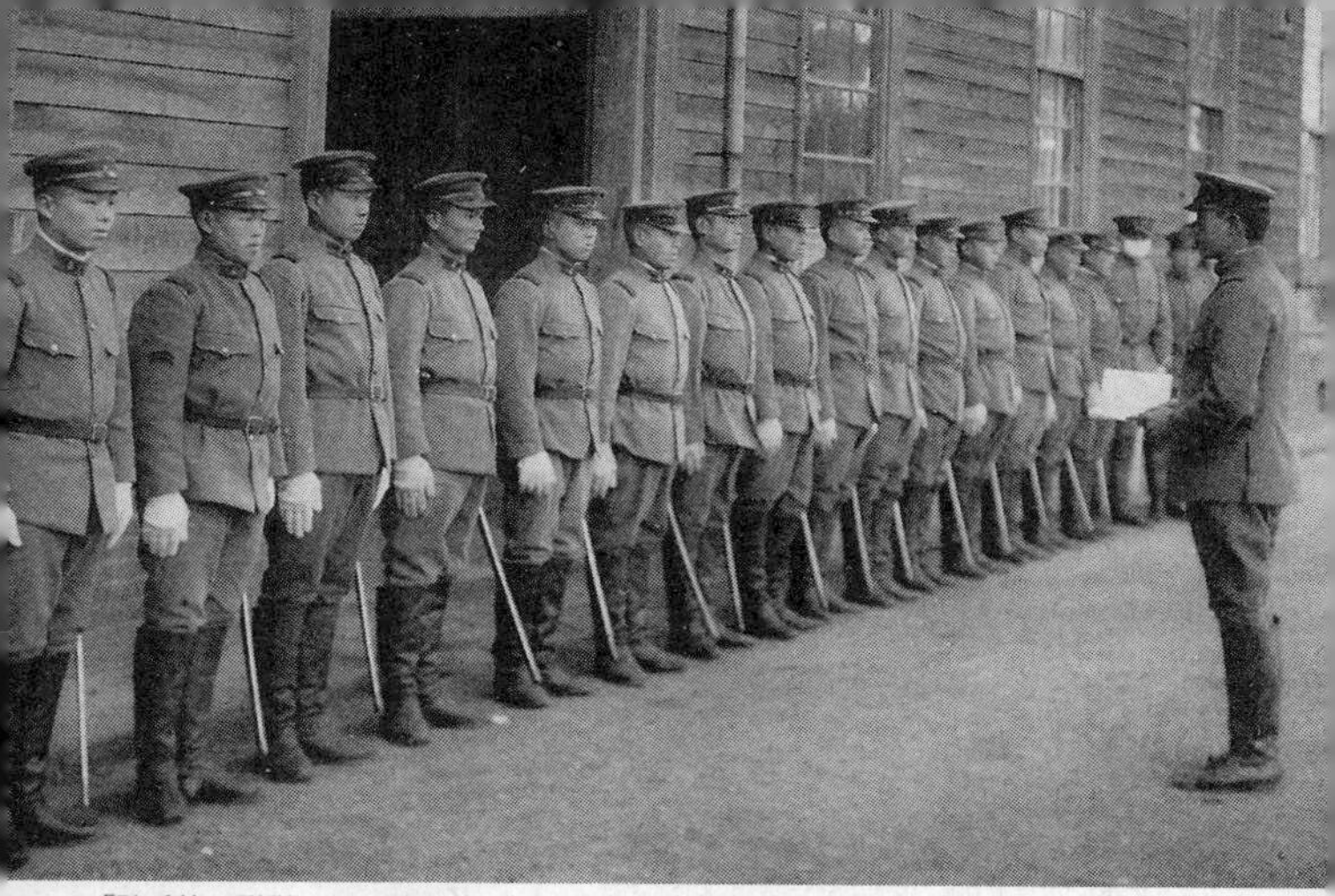

「騎兵第二聯隊」での外出前の服装点検の状況。

ただし、「元旦」「紀元節」「天長節」「明治節」「靖国神社大祭日」には帰営時間が「日夕点呼」まで延長された。

なお初年兵が休日に初めて兵営外へ外出する場合は、班長が引率を行なう「引率外出」が行なわれた。

営内居住の下士官は、勤務・演習に差し支えのないかぎり、平日でも課業終了後より「日夕点呼」まで外出が許可されていた。ただし、「元旦」「紀元節」「天長節」「明治節」「靖国神社大祭日」には午後十二時まで帰営時間が延長された。

このほかに「臨時外出」と呼ばれる外出があり、営内居住の下士官・兵で緊急の用事が発生した場合は、四十八時間以内の外出が許可された。また、年末年始の長期休暇の場合、交代での「帰省外泊」が許可された。

「臨時外出」と「帰省外泊」の際には、「軍隊手帳」「外出証明證」「外泊証明證」を携帯するとともに、服装面では「脚絆」を付けて「外套」を携行した。

外出時の注意

外出時の注意事項としては、規定どおりに服装を着用して軍の威厳を保つとともに、外出先では品位を保つ事が義務づけられており、併せて帰営時刻と呼ばれる兵営に戻る時間の絶対厳守が定められていた。

また、外出時に利用する飲食店や映画館等は軍指定の協力店舗の利用が奨励されており、花柳病（性病）防止の見地より、私娼の利用は厳禁とされて「遊郭」も軍指定

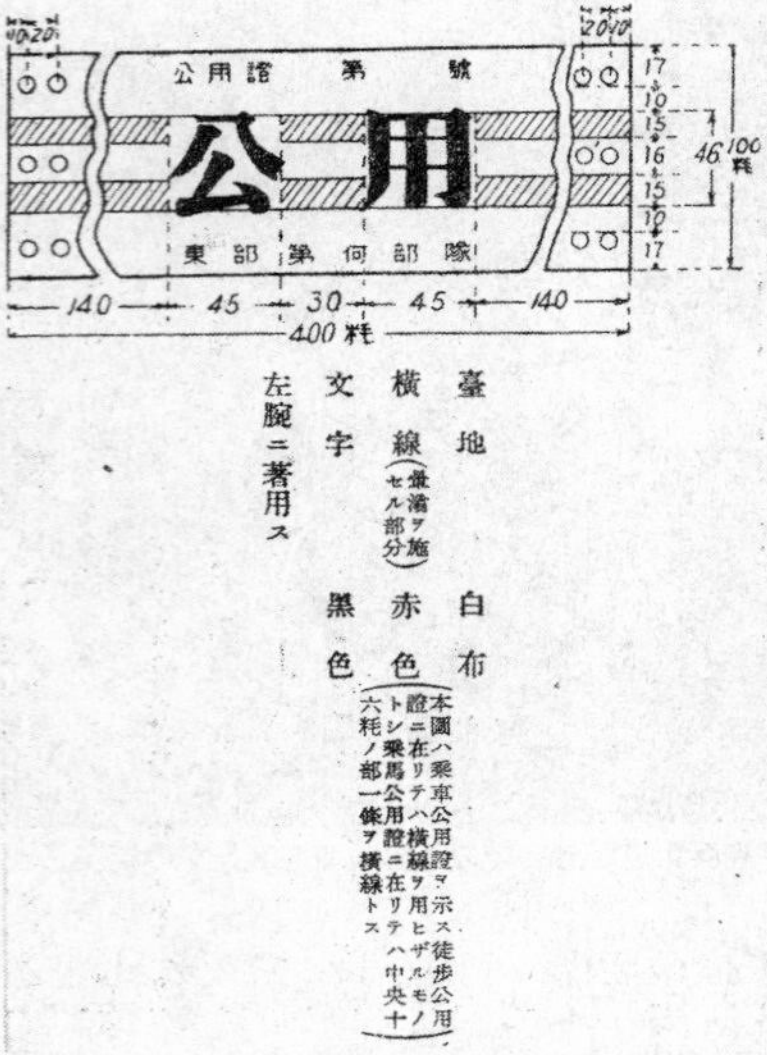

昭和十八年に「公用證」に替わり制定された、腕章タイプの「公用證」。部隊内では「公用腕章」とも呼ばれた。

の店舗の利用が奨励されるとともに「コンドーム」をはじめとする衛生器具の使用が義務づけられていた。

私的制裁

現在ではほとんど姿を消している躾《しつけ》のための「体罰」が普通に行なわれていた戦前期では、軍隊内ではオフィシャルに私的制裁は禁止されていたが、実際は内務班内では教育・指導の名目で二年兵による初年兵に対する私的制裁を行なうケースが多くあった。

私的制裁の種類にはスタンダードな「ビンタ」にはじまり、「花魁」

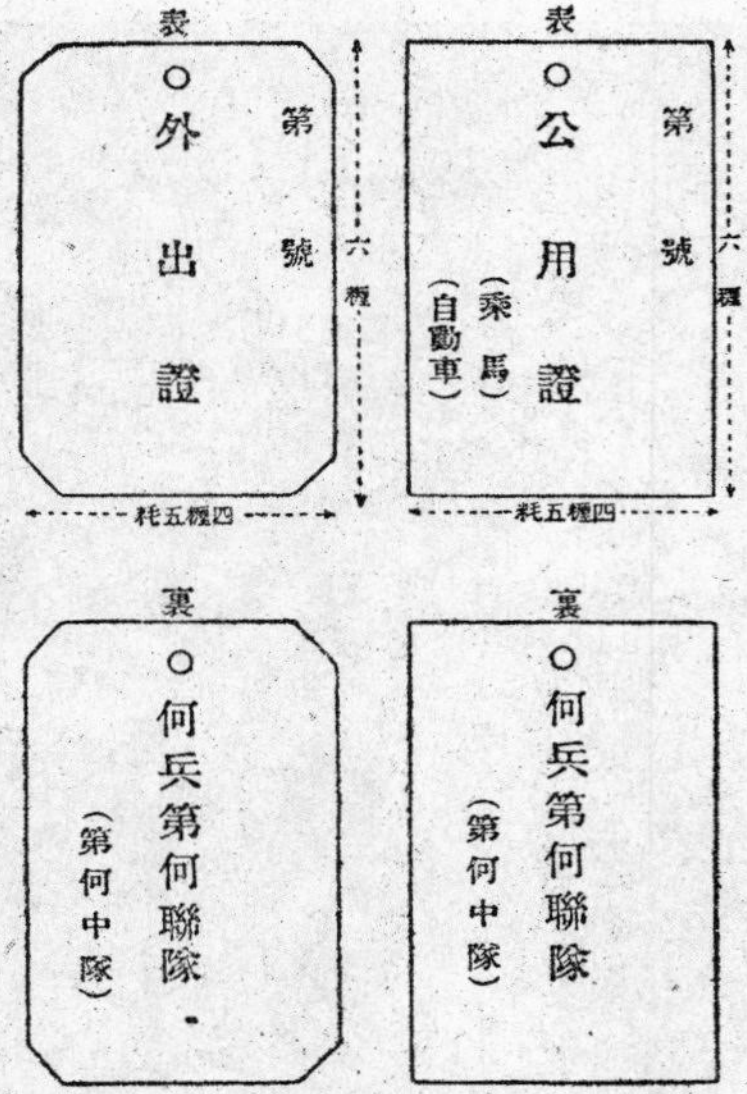

「公用外出」時に携行する「公用證」と、一般外出時に携行する「外出證」。

公用外出を示す腕章タイプの「公用證」を外套の左腕に付けた一等兵。

「魚の絵」「チャンチュー」「安全装置」「自転車」「せみ」「鶯の谷渡」「洗矢見習士官」「三八式歩兵銃殿」「カンカン踊り」「最敬礼」「整頓崩し」等があるほか、班全体で一定の対象者に対して「無視」を行なうなどの精神的な制裁もあった。

表一に、代表的な私的制裁を列記する。

私的制裁の原因の一番は、教育指導の延長の解釈で「二年兵が初年兵に対して義憤を感じて行なう」ケースであり、このほかに理不尽な原因としては「自分が過去に加えられたため」「二年兵ぶって行なう」「叱責を受けた場合」「進級に遅れたため」「他人の制裁に同調する場合」等があった。

私的制裁の行なわれやすい時間帯は、「夕食後等の班長が自室に戻った後」「日夕点呼後」「消灯後」が一番多かった。

また兵営内で私的制裁の行なわれやすい場所は、「内務班」「倉庫の裏」「洗濯洗面場」「物干場」「炊事場」「中隊自習室」「兵営の空室」「教練中」等があり、多くの場合、「私的制裁」は「学科」等の呼称で呼ばれていた。

これらの私的制裁の原因と内容は表二のようになる。

内務班内の私的制裁を描いたイラスト。身長より低い棚の下に身体を曲げた状態で立たせてから「捧銃」の状態で小銃を保持させ、更に股間に「手箱」の蓋を挟む状況。（覆面の記者著 「兵営の告白」 明治41年 厚生堂）

＊私的制裁一覧（表一）

名　称	内　容
ピンタ	一番スタンダードな私的制裁の方法であり、平手で頬を殴るのが一般的であるが、時として拳を用いる「鉄拳制裁」や、エスカレートすると「帯革」「上靴」を用いるケースもある。 また初年兵同士を向かい合わせて互いにピンタを行なわせる「対向ピンタ」もあり、二列横隊に並んだ初年兵に対して『前列一歩前へ、回れ右。後列足を開け。奥歯かみしめろ。前列。前の者を殴れ。』等の号令がかけられ、対向ピンタが行なわれた。
花魁（別名「兵隊さん、寄ってらっしゃい」）	内務班の銃架から小銃を一～二梃外した個所を遊郭の飾り窓と見立てて、初年兵が遊女役となり、廊下を通る二年兵を客と見立てて「兵隊さん、寄ってらっしゃい」等と声をかけさせる制裁。
魚の絵（別名「金魚」）	枕覆（枕カバー）が汚れている場合に、汚れを落とす洗濯と魚が水を求める事をかけて、枕覆にチョークで魚や金魚の絵が描かれる事があり落とすのに苦労する。また魚の書かれた枕覆を頭部に被ったまま、他の内務班に挨拶に行かされる場合もある。
チャンチュー	右手の人差指で鼻の頭をはじく制裁で、別名「牛殺し」とも呼ばれる。 一気に飲むと鼻にくるアルコール度数が高い「チャンチュー」と呼ばれた「支那酒」に由来している。
安全装置	小銃の安全装置を動かす要領で、安全装置に見立てた相手の鼻の頭に右手の掌を強く押し付けて、「安全装置」・「解除」の掛け声に合わせて左右に動かす制裁。
自転車	並べた机の間に腕で身体を支えて、自転車を漕ぐ動作をさせる制裁であり、二年兵からは「上り坂」・「下り坂」等の注文が付けられ、自転車をこぐ速度が指示される。 時として片手での敬礼や、手放運転等の理不尽な注文をつけられる事も多々にある。
蝉	初年兵を蝉に見立てて、内務班の柱に登らせて「ミーン、ミーン」等と蝉の鳴き声を出させる制裁。
鶯の谷渡	並べた寝台を山と谷に見立てて、その上下を初年兵に通過させながら「ホーホケキョウ」と鶯の鳴き声を出させる制裁。
洗矢見習士官	小銃手入用の「洗矢」を軍服上衣の剣釣に引掛けて、帯剣した見習士官の真似をさせて、各内務班を練り歩かせる制裁。
三八式歩兵銃殿	小銃の手入が不十分な場合に行なわれる制裁であり、小銃に対して詫びを入れさせながら長時間にわたり捧銃を行なわせる。
カンカン踊り	炊事場で行なわれる制裁であり、返納した食器類が汚い場合に飯櫃や汁桶を頭に被らせてカンカン踊りを行なわせる。
最敬礼	炊事場で行なわれる制裁であり、返納した食器類が汚い場合に、切り落とした魚の頭などに最敬礼を行なわせる。
整頓崩し	内務班内で初年兵の整理・整頓が悪い場合に、積んである被服・装備類を崩して室内にまき散らす制裁。その惨状から「台風」等とも呼ばれる。

＊私的制裁原因一覧（表二）

原　因	内　容	
二年兵が初年兵に対して義憤を感じて行なう	初年兵が二年兵に礼儀を失した場合	敬礼を忘れる
		物の言い方が乱暴な場合
		態度が不遜な場合
		二年兵の注意を聴かない場合
	初年兵が自己の任務を完全に遂行しない場合	怠慢に失する場合
		横着な場合
		上官の注意を護らない場合
		内務の実行が不確実な場合
		武器・被服・装具の手入れが不十分な場合
		諸規定の実施が不確実な場合
自分が過去に加えられたため	自分が初年兵の時に制裁を受けたために、自分もやらねば損であるという考えから私的制裁を行なうケース	
二年兵ぶって行なう	意味もなく二年兵ぶって、漠然と初年兵に私的制裁を加えるケース	
叱責を受けた場合	上官より叱責された場合に、腹立ち紛れに初年兵に当たり散らすケース	
	上官より叱責された原因を、初年兵のために怒られたと曲解して私的制裁を加えるケース	
進級に遅れたため	進級が遅れた私憤を初年兵にぶつけるケース	
他人の制裁に同調する場合	他人の制裁を見て、自分も参加するケース	

第17話

酒保

「酒保」の経営、「酒保」の取扱商品、郵便物と通信、兵隊屋の存在等、兵営内の「酒保」について紹介する

「酒保」

各部隊には「酒保」と呼ばれる売店があり、ここでは兵営内で生活する「営内居住者」を対象にして日用品と衣料品と飲食物の販売が行なわれていた。「酒保」で取り扱われる使用品は「酒保取扱物品」と呼ばれ、市井の中等品を廉価に販売することが基本コンセプトとされていた。

陸軍の内務を規定したマニュアルである「軍隊内務書」には酒保を『酒保ハ營内居住者ニ質素ニシテ品質良好カツ廉價ナル日用品及飲食物等ヲ販賣スル所トス。聯隊長ハ酒保ニ装飾ヲ爲シ又圖書、新聞、雑誌竝娯樂又運動器具等ヲ備付クルコトヲ得』と定義していた。

歩兵第七十聯隊の酒保。奥に物品の販売スペースがあり、手前には喫食用のテーブルと椅子が並べられており、新聞も置かれている

なお「大東亜戦争」下の昭和十八年に既存の「軍隊内務書」が、戦時体制を受けて「軍隊内務令」に改変された時期に併せて、「酒保」の名称は「物品販売所」に変更された。

「酒保」の経営

酒保の運営は、「聯隊本部」内の付属機関として具体的に聯隊を運営するために設置されている「兵器委員」「経理委員」「酒保委員」「将校集会所委員」「准士官下士集会所委員」「共有金保管委員」「文庫委員」の各委員のうちで「酒保委員」が担当した。

「酒保委員」は聯隊本部付将校のうちで「少佐」ないし「大尉」が首座と呼ばれる代表となり数名の将校で構成されており、金銭・有価証券以外の酒保に関する運営業務を行なう。

販売の実務は聯隊の要員を使役兵として運用す

る自営が原則とされていたが、実際の場合は民間業者に委託を行なう場合と、この自営と民間委託の両方を併用するケースがほとんどであった。

酒保は休日のほか、平日では夕食より日夕点呼の間に開かれており、部隊によって差異はあるものの平均して午後六時～八時の間に開かれていた。

とくに民間委託業者を用いる場合は一般の雑貨類以外に、麺類などの調理を要する食材や菓子類のカテゴリーで陸軍では「甘味《かんみ》品《ひん》」と呼ばれていた嗜好菓子である「饅頭」や「菓子パン」等を取り扱う場合が多く、これらの民間委託業者は「御用商人」「出入業者」の通称で呼ばれた。

酒保内部にはこれら飲食物の喫食スペースがあるほか、部隊によっては庭園形式で屋外にオープンスタイルの机と椅子が設置されているケースもあった。

また、「酒保」は長期演習等の際には、部隊の酒保ないし指定した商人に現地で移動売店式の「移動酒保」と呼ばれる酒保を出店するケースもあった。

「酒保」の取扱商品

酒保で取り扱われる「酒保取扱物品」には大別すると「日用品」と「飲食物」がある。

「日用品」のラインナップとしては、衣料類では下着である「褌」「手拭」「ハンカチ」があり、日用品では「歯ブラシ」「歯磨粉」「剃刀」「塵紙」「石鹸」「洗濯石鹸」「筆記用具」「封筒」「便箋」「葉書」等があった。

「飲食物」では「甘味品」の呼称で、市井で販売されている菓子類を原価に近い価格で販売したほか、委託業者により「うどん」「汁粉」「おでん」「餡パン」「饅頭」「揚菓子」等の調理販売も行なわれた。

「餡パン」「饅頭」「汁粉」は兵に大人気であり、訓練が厳しくなる時期になると「酒保」でこれらの売り切れが続出した。また、「営外居住者」が残業や当直任務で夕食の期を失した場合にも酒保は利用された。

飲料は「サイダー」等のほかに「ビール」「日本酒」等の酒類も置かれており、「ビール」と一部の「日本酒」を除く酒類・飲料のほとんどは全国販売規模の銘柄ではなく、

将校・下士官・兵の俸給一覧

区分	階級		金額
俸給（年額）	大将		6500円
	中将 各部中将		5800円
	少将 各部少将		5000円
	大佐		4150円
	中佐		3220円
	少佐		2330円
	大尉	一等	1900円
		二等	1650円
		三等	1470円
	中尉	一等	1130円
		二等	1020円
	少尉		850円
	軍楽大尉	一等	2150円
		二等	1900円
		三等	1750円
	軍楽中尉	一等	1540円
		二等	1390円
	軍楽少尉	一等	1240円
		二等	1130円
	准士官	一等	960円
		二等	900円
俸給（月額）	見習士官		16円
	曹長	一等	67円
		二等	30円
	軍曹	一等	22円50銭
		二等	18円
		三等	15円
		四等	13円50銭
	伍長	一等	10円50銭
		二等	9円
	兵長		7円
	上等兵		6円40銭
	一等兵		5円50銭
	二等兵		5円50銭
	教化兵		2円75銭

各部隊の兵営所在地近傍の地場産業により製造された物が多く、兵食の食材類の仕入れと併せて地元消費のスタイルが採用されていた。

「日本酒」は将兵の泥酔を防ぐ目的で希釈されているケースが多く、酒保の軒先を出ると直ぐに酔いがさめることから「のきさき」と呼ばれることもあった。

「煙草」の取り扱い銘柄は多種多様であるが、軍用煙草である「ほまれ」はどこの酒保でも置かれていた。

なお、飲食物は定期的に「酒保委員」が試食と品質検査を行ない、また食中毒の発生時の原因究明のために麺類や甘味品はサンプルの二十四時間の保管が義務づけられていた。

大正期の内部。カウンター形式で「酒保取扱物品」、別に「郵券煙草」「日用品」「菓子類」と別れている

参考として、昭和十二年時点の将校・准士官・下士官・兵の給料に相当する「俸給」をP.184の表に示す。

下士官・兵の俸給は毎月三回、十日ごとに中隊単位で支給され、各中隊の「中隊本部」で「本部付下士官」が支払いを行ない、各兵は受取印を押して俸給を受け取るとともに、各自の所持する「俸給支払証票」に受取の捺印と金額記載を行なった。

郵便物と通信

陸軍では家族と友人に将兵の近況を知らせる目的で、手紙や葉書による書簡連絡を奨励しており、葉書・封筒・便箋・切手等は「酒保」で市井価格よりも安価に購入することが可能であるほか、記念品と宣伝を兼ねて各部隊では数枚一組の部隊オリジナルの絵葉書セットが準備されていた。

手紙の書き方や基本的な挨拶文等も、内務班で班長・古参兵が休憩時間・自由時間等を利用して初年兵に対しての教育が行なわれた。

連絡が推奨される半面、軍隊の内外での遣り取りの行なわれる書簡類は防諜上より、必要に応じて将校・下士官による検閲が行なわれるほかに、戦時下での戦地と内地間を往復する書簡類は、そのすべてが将校・憲兵による検閲が行なわれた。

外部より部隊宛の郵便物は「聯隊本部」に届けられ、「聯隊本部」で隷下の各中隊ずつに分類が行なわれて、毎日宛に隷下各中隊の「中隊本部付曹長」に渡されてから各人へ手渡される。

また、緊急の「電報」や「速達」が届いた場合は、「聯隊本部」より該当中隊の「中隊本部付曹長」を経由して本人へ渡される。

「外地」の酒保

外地の「酒保」の取扱物品の一例として、大正時期の「支那駐屯軍」の「酒保取扱物品」を紹介する。

「支那駐屯軍」の北京駐屯隊の「酒保」の経営は、「酒保委員」の統括による聯隊の使役兵と民間業者委託の併用スタイルであり、販売されている「日用品」「衣料品」「食料品」は一部の現地物品を除

大正期の休日の酒保の内部。写真右にはガラスケースに収められた委託業者が扱う菓子類が見られる

「支那駐屯軍」の「北京駐屯隊」の酒保。民間委託業者により調理された食事も販売されており、写真中央の黒板には「酒保取扱物品」が書かれている。写真に写る「歩兵第三十三聯隊」の兵卒は、シベリア出兵下の大正７年から８年にかけて「支那駐屯軍」の増援として内地より派遣された「北支那派遣大隊」隷下の１個中隊（聯隊主力はシベリアの「ペリゾフカ方面」に派遣）である。

いて、ほとんどすべてが内地より民間委託業者によって持ち込まれたものであった。

食材は「罐詰」「乾物」「調味料」を中心として嗜好品の各種菓子類も豊富であり、民間委託業者の采配によって定期的に交替する駐屯部隊の郷土の名産である菓子・食材が取り揃えられていたほか、調理販売される「うどん」「饅頭」「おでん」等の味付けも適宜に変更された。

取扱品中で興味深いものとして、被服類では内地と同じ「ハンカチ」「タオル」「手拭」と並び、防寒対策として私物下着類の「羊毛襦袢」

「羊毛袴下」「白毛腹巻」「厚底靴下」「毛糸靴下」「手袋」があるほかに、「褌」ではなく「猿股」が販売されていた。

「猿股」は所謂《いわゆる》「ズボン下」である「股引《ももひき》」よりも丈が短く、「袴」を保護するために「褌」との間に着用する「袴下」と異なり、完全に「褌」と同列の下着であり、大正期に「西洋褌」の別名とともにわが国に普及した下着であり、この普及は市井以外に下着のみは官給でなく私物を用いていた軍隊にも波及しているものであった。

兵隊屋の存在

平時の兵営の周囲の市街には、聯隊の将兵を相手とする飲食店・洋品店をはじめとする各種の商店が並んでおり、この中に「軍装品」の販売店と並んで通称「兵隊屋」と呼ばれる商店が存在していた。

この「兵隊屋」では、官給品と呼ばれる下士官兵用の支給品であり各個の所持数が制限されているとともに紛失が許されないとされる装備・被服類に酷似した各種物品が販売されており、中でも消耗品の「靴下」や「襟布」、紛失しやすい各種「釦」や水筒の栓や、官給品に酷似した「襦袢」「袴下」等が販売されており、部隊の下士官兵には重宝される存在であった。

また、この「兵隊屋」は酒保や集会所の出入業者と上手く連携を取りつつ、入営時・

除隊時の挨拶用の葉書や、除隊記念等で関係者・親族へ贈答用にする「手拭」「猪口」等の記念品の受注販売も行なっていた。

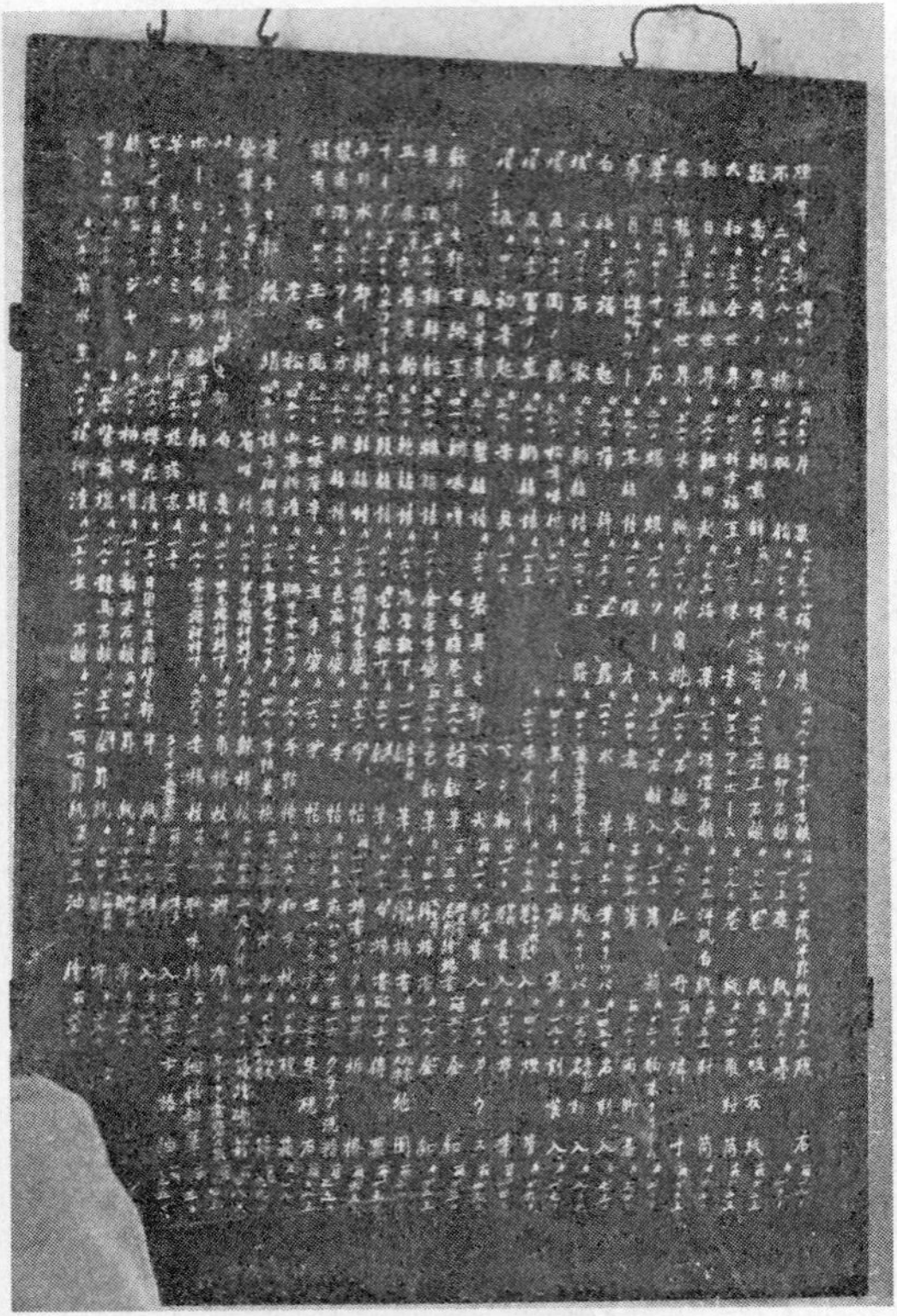

前掲「北京駐屯隊」の酒保の「酒保取扱物品」の拡大

除隊と予備役

兵役の終了した「除隊」及び、兵役終了後も
有事に備えて兵力をプールするシステム
「予備役」について紹介する

第18話

除隊

徴兵されて入隊してから二年間の兵役期間を終了した現役兵は、兵役を終えて「除隊」となり兵営を去る。

入営したばかりの「初年兵」には、当初は一番低い「二等兵」の階級が与えられ、入営二年目となる「二年兵」となるとともに全員が進級して「一等兵」の階級が与えられる。この現役兵の中で成績優秀者は除隊時に「上等兵」の階級が付与されるほか、「除隊」をしないで職業軍人である「下士官」の道を目指すものもいた。

現役兵の除隊に際しては、部隊単位での儀式である「除隊式」が行なわれた。「除隊式」は「歩兵聯隊」では、聯隊将兵全員が営庭に集合して「軍旗」を迎えると

体格区分

区分		詳細
甲　種		身長1.50メートル以上の身体の強健な者
乙　種	第　一	身長1.50メートル以上で、 身体が甲種に次ぐ者
	第　二	身長1.50メートル以上で、 身体が第一乙種に次ぐ者
丙　種		現役に適せざる者 身長1.45メートル以上、1.50メートル以下
丁　種		兵役に適さざる者 身長1.45メートル未満の者 身体および精神に異常のあるもの
戊　種		兵役の適否を定めがたきもので、 徴否が決定するまでは毎年検査を受ける

ともに、「聯隊長」は明治十五年と大正三年に下賜された勅諭を奉読した後に、除隊兵に対しての訓示を行なう。

その後は「除隊者」は各中隊に戻って、各「中隊長」より除隊後の注意事項や心構え等を示す最後の訓示を聞いた後に、兵営を後にする。

予備役

規定の期間の兵役を終えた将兵は、「予備役」に編入される。「予備役」とは有事に備えた動員に対応するために平時よりプールされている予備兵力である。

以下に「予備役」について述べるにあたり、「徴兵」を述べてから、「兵役と予備役」と「帝国在郷軍人会」と「大陸の義勇隊」について説明する。

入営者見送りの状況。兵営前には多くの見送り人であふれかえっている

＊徴兵

「徴兵検査」は毎年四月十六日～七月三十一日までの「徴兵事務執行間」の期間に各「聯隊区」隷下に設置されている徴兵事務所である「聯隊区徴兵署」で行なわれた。

徴兵検査によって徴兵対象者の体格を「甲種」「乙種」「丙種」「丁種」「戊種」の五ランクに区分して、その中で「甲種」と「乙種第一」の者が合格者として「現役兵」に召集された。「支那事変」勃発時の徴兵検査の体格区分はP.192表のとおりである。

また、徴兵の例外として、的確な事由がある場合は「徴兵延期」の許可が取られるケースがあり、定められた学校に在学する者は二十六歳を上限として徴兵が延期され

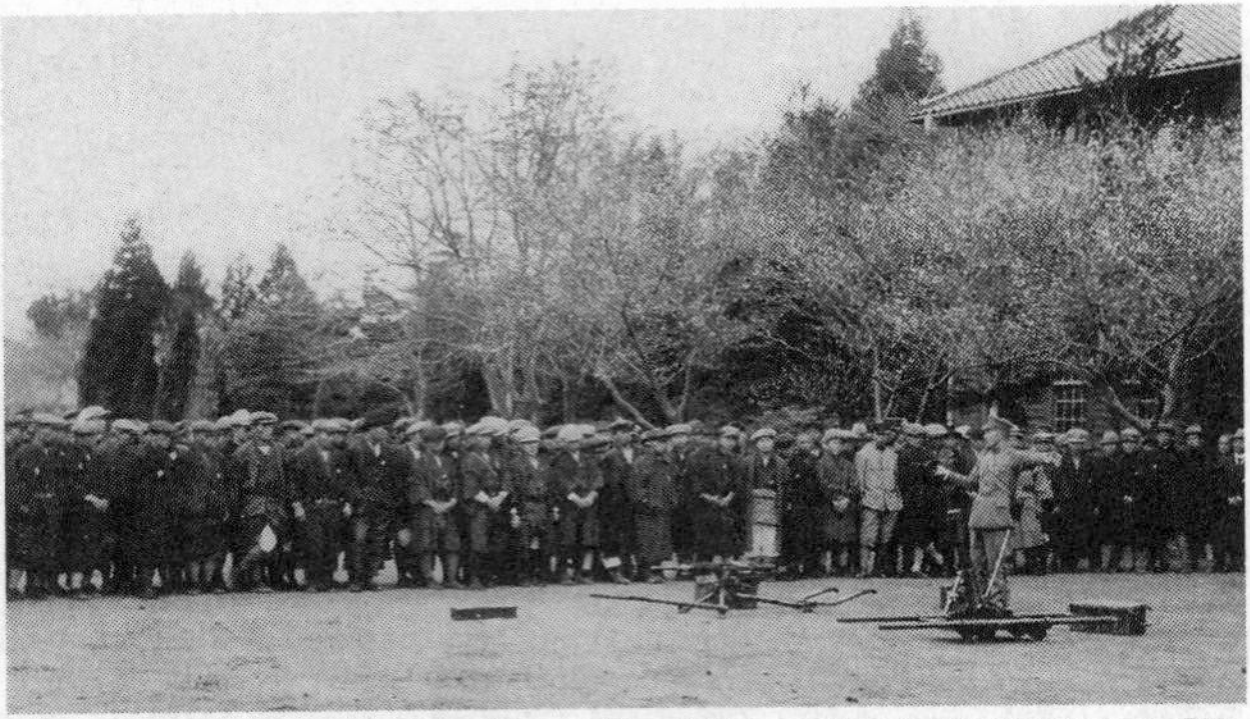

大正 12 年 11 月に水戸の「歩兵第二聯隊」を訪れて、歩兵兵器見学を行なう「結城郡在郷軍人会」と「結城郡青年団」。「帝国在郷軍人会」は会員や青年団に対する軍事知識の普及活動等にも従事している。写真には「三年式重機関銃」と「十一年式曲射歩兵砲」が写っている

昭和 11 年 3 月に撮影された「島根縣通摩郡八代村立青年學校(現・太田市川本町)」での教練機材購入記念の状況。写真後列右端に青年学校の教練支援のための在郷軍人が見える

たほか、徴兵検査で合格の判定を受けたものの残された家族の生活が困難な場合は二年間を上限とした入隊延期が可能なほか、日本国外で徴兵検査以前に延期を願い出た者も徴兵の延期が可能であった。

徴兵検査に合格した「現役兵」の入営時の準備品と、入営時期はP.197、198表のとおりである。

＊兵役と予備役

わが国の兵役には「常備兵役」「補充兵役」「国民兵役」があった。「常備兵役」には「現役」と「予備役」があり、「補充兵役」には「第一補充兵役」と「第二補充兵役」があり、「国民兵役」には「第一国民兵役」と「第二国民兵役」があり、「現役」の兵役を終えても、徴兵検査を受けたものは長期間にわたり国防のための人的資源として長期にわたりプールされた。

兵役の種類と服務期間は、年代によって差異はあるものの「支那事変」勃発の時点ではP.198表のとおりである。

＊帝国在郷軍人会

「帝国在郷軍人会」は現役を離れた「予備役」「後備役」の軍人の支援団体であり、明治四十三年十一月三日に「伏見宮貞愛親王」を総裁にいただいて設立された。初代

昭和４年10月に撮影された九州地区の「帝国在郷軍人会南高来郡北串山村分会」と「串山村青年団」の記念撮影。写真中央の村長の右隣は長崎聯隊区から派遣された将校である。「高来郡北串山村」は現「南島原市小浜町」である

会長は「寺内正毅大将」である。

大正三年になると陸軍以外に海軍の備役・後備役も編入されるようになった。

「帝国在郷軍人会」は会員である予備役に対する精神教育・軍事教育・訓練を行なうとともに、応召・召集・徴兵の協力や、「青年学校」に対する指導教育のほか、災害時の救援支援等の広域の活動を行なった。

陸軍省内部に統括機関である「帝国在郷軍人会本部」が置かれており、各府県に支部があり、その隷下の市町村に活動単位である「分会」が設置された。

＊大陸の義勇隊

大陸の各租界や日本人居留民がいる

入営時準備品一覧

区分	詳細
書類等	現役兵証書 認印 青年学校教練証明証ないし教練合格証明証 鉄道乗車証
小遣銭	4～5円
日用品	鉛筆・切手・はがき・手帳・手拭・楊枝・塵紙等
荷造用具	風呂敷・油紙・紐・荷札等

場所では、日本人保護の目的で陸海軍部隊が駐留しているものの、居留民自身も自衛の観点から「在郷軍人」を主体にして「義勇隊」を編成するケースが多かった。この「義勇隊」は非常時に際しては駐留軍に協力する準軍隊的な存在であった。

以下に「義勇隊」の編成例として「支那事変」勃発直前の時期の昭和十二年に「支那駐屯軍司令部」が北支那の在留邦人義勇隊を纏めた「北支日本義勇隊一覧表」にある日本人義勇隊をP.198に示す。

なお、「齋南」に常設編成の「義勇隊」はなく、非常時の居留民保護のため「在郷軍人会」において自衛計画を立案していた。

また、「通州日本義勇隊」は「支那事変」勃発直後に起きた「通州事件」の際に、あまりの突発事件に召集の暇もなく各個に撃破されて散華している。

入営退営時期一覧

区分			入営期日	退営期日
近衛歩兵聯隊			徴集年の 12 月 1 日	入営年の翌々年の 10 月 20 日
第一九師団・第二十師団			徴集年の 12 月 10 日	入営年の翌々年の 10 月 30 日
その他の師団・台湾軍			徴集年翌年の 1 月 10 日	入営年の翌々年の 11 月 30 日
航空兵団		前期入営	徴集年翌年の 3 月 1 日	入営年の翌々年の 1 月 20 日
		後期入営	徴集年翌年の 9 月 1 日	入営年の翌々年の 7 月 20 日
その他の部隊	飛行兵	前期入営	徴集年翌年の 3 月 1 日	別に定める
		後期入営	徴集年翌年の 9 月 1 日	
	その他の兵科		徴集年翌年の 3 月 1 日	

兵役一覧

区　分	細　分	服　務　期　間
常備兵役	現役	2 年
	予備役	現役終了後 15 年 4 カ月
補充兵役	第一補充兵役	17 年 4 カ月
	第二補充兵役	17 年 4 カ月
国民兵役	第一国民兵役	常備兵役を終えた者は 40 歳まで 軍隊で教育を受けた補充兵で、補充兵役を終えた者は 40 歳まで 常備兵役を免じられた者で 40 歳まで
	第二国民兵役	年齢 17 歳から 40 歳までの男子で、常備兵役、補充兵役、 第一国民兵役でないもの

北支日本義勇隊一覧表　昭和 12 年

名　称	創設時期	幹部名称	編　成	事務所と職員	制服
北　平 日本義勇隊	大正15年	本部長 藤原正文 副本部長兼隊長 小菅勇 軍医中佐	役員 6名 本部 6名 甲班 69名 乙班 17名 通信情報班 11名 救護班 32名 合計 141名 顧問　森田中佐 小別當中佐 今井少佐 河野少佐 小野口大尉 寺平大尉	北平三條胡同日本人居留民会内 阿部義晴	制服あり
天　津 日本義勇隊	大正14年 11月	隊長 田村俊次 軍医中佐	役員 32名 本部 44名 第一中隊 74名 第二中隊 76名 通信班 20名 通訳班 24名 給与班 17名 救護班 15名 予備員 82名 合計 385名	日本租界局天津居留民団事務所 高木慎男	制服あり
山海関 日本義勇隊	昭和10年 1月3日	隊長 野薫	隊長以下28名	日本人居留民会内 富田福一	制服なし
奉皇島 日本義勇隊	大正8年 1月4日	隊長 梅津要吉 副隊長 北村市三郎	隊長以下27名	奉皇島揚家胡同日本人居留民会内 梅津要吉	制服なし

昌　黎 日本義勇隊	昭和10年 1月13日	隊長 角田清 副隊長 田川卓次	隊長以下26名	県東関 角田清	制服 あり
灤　県 日本義勇隊	昭和12年 4月29日	隊長 占明吉 副隊長 内山庄吉	本部　5名 通訳班　4名 救護班　5名 灤県小隊　41名 欒亭小隊　8名 奔城小隊　13名 合計　76名	灤県日本人居留民 会事務所内 高石正一	制服 あり
唐　山 日本義勇隊	昭和12年 3月7日	隊長 楠本初秋	本部　8名 警備班　37名 通訳班　4名 通信班　6名 給与班　3名 救護班　3名 合計　61名	唐山日本人居留民 会事務所内 大島滋	制服 なし
塘　沽 日本義勇隊	昭和12年 4月29日	隊長 太田藤十郎	本部　12名 警備中隊 　中隊長　高橋甚吉 　第一小隊　19名 　第二小隊　19名 　第三小隊　17名 合計　68名	塘沽日本人居留民 会事務所内 亀田朝考	制服 なし
豊　台 日本義勇隊	昭和12年 3月10日	隊長 久住徳嗣	隊長　久住徳嗣 第一分隊　10名 第二分隊　9名 合計　20名 顧問 　一木少佐 　憲兵分駐所長 　警察署長	河北省宛平県豊台 興隆胡同領事館警 察署内 石田秀一	制服 あり
通　州 日本義勇隊	昭和12年 4月14日	隊長 平田武毅 副隊長 宇佐美義男	隊長　平田武毅 副隊長　宇佐美義男 第一分隊　8名 第二分隊　8名 第三分隊　8名 合計　26名 顧問 　特務機関長 　特務機関分遣隊長 　憲兵分遣隊長 　警察分署長	通州西大街三五号 通州日本人居留民 会事務所内 加來俊郎	制服 なし
青　島 日本義勇隊	昭和2年 7月	隊長 松井義久	隊本部　4名 西部小隊　19名 中部小隊　21名 東部小隊　21名 四方小隊　15名 滄口小隊　14名 合計　94名		制服 あり

あとがき

本書は二〇一六年七月より二〇一七年十二月まで雑誌『丸』に「昭和陸軍の日常」のタイトルで十八回にわたり連載したものに加筆訂正し、一冊にまとめたものです。

この連載に際しましては、平時の日本陸軍の兵営での将兵の一般的な生活を衣食住の面から平易に解説することをコンセプトとしました。

これにより戦前期には存在していた徴兵制度により国民の身近な存在であるとともに、社会の一角を形成していた『陸軍と兵隊』の日常の真の姿を知っていただければ幸いです。

また、掲載されている写真は大正期から昭和期にかけて平時の兵営内で撮影されたものを使用しております。

書籍発行の機会をくださいました潮書房光人新社の皆川豪志社長に感謝を申し上げますとともに、雑誌『丸』の岩本孝太郎様と、懇切丁寧に編集をしてくださいました書籍編集部の川岡篤様にお礼申し上げます。

また、当連載にあたり、多くの協力をいただいておりますます創立十周年を迎える「軍事法規研究会」にお礼申し上げます。

二〇一八年三月吉日

著者

単行本　平成三十年四月　潮書房光人新社

NF文庫

日本陸軍の基礎知識〔昭和の生活編〕

二〇二四年一月二十二日　第一刷発行

著　者　藤田昌雄

発行者　赤堀正卓

発行所　株式会社　潮書房光人新社

〒100-8077　東京都千代田区大手町一-七-二

電話／〇三-六二八一-九八九一(代)

印刷・製本　中央精版印刷株式会社

定価はカバーに表示してあります

乱丁・落丁のものはお取りかえ致します。本文は中性紙を使用

ISBN978-4-7698-3341-3　C0195

http://www.kojinsha.co.jp

NF文庫

刊行のことば

第二次世界大戦の戦火が熄《や》んで五〇年——その間、小社は夥しい数の戦争の記録を渉猟し、発掘し、常に公正なる立場を貫いて書誌とし、大方の絶讃を博して今日に及ぶが、その源は、散華された世代への熱き思い入れであり、同時に、その記録を誌して平和の礎とし、後世に伝えんとするにある。

小社の出版物は、戦記、伝記、文学、エッセイ、写真集、その他、すでに一、〇〇〇点を越え、加えて戦後五〇年になんなんとするを契機として、「光人社NF（ノンフィクション）文庫」を創刊して、読者諸賢の熱烈要望におこたえする次第である。人生のバイブルとして、心弱きときの活性の糧《かて》として、散華の世代からの感動の肉声に、あなたもぜひ、耳を傾けて下さい。

＊潮書房光人新社が贈る勇気と感動を伝える人生のバイブル＊

ＮＦ文庫

写真 太平洋戦争 全10巻 〈全巻完結〉

「丸」編集部編

日米の戦闘を綴る激動の写真昭和史——雑誌「丸」が四十数年にわたって収集した極秘フィルムで構築した太平洋戦争の全記録。

日本陸軍の基礎知識 昭和の生活編

藤田昌雄

昭和陸軍の全容を写真、イラスト、データで詳解。教練、学科、武器手入れ、食事、入浴など、起床から就寝まで生活のすべて。

陸軍〝離脱部隊〟の死闘 汚名軍人たちの隠匿された真実

舩坂 弘

名誉の戦死をとげ、賜わったはずの二階級特進の栄誉が実際には与えられなかった。パラオの戦場をめぐる高垣少尉の死の真相。

新装解説版 先任将校 軍艦名取短艇隊帰投せり

松永市郎

不可能を可能にする戦場でのリーダーのあるべき姿とは。海自幹部候補生学校の指定図書にもなった感動作！ 解説／時武里帆。

新装版 有坂銃

兵頭二十八

日露戦争の勝因は〝アリサカ・ライフル〟にあった。最新式の歩兵銃と野戦砲の開発にかけた明治テクノクラートの足跡を描く。

要塞史 日本軍が築いた国土防衛の砦

佐山二郎

築城、兵器、練達の兵員によって成り立つ要塞。幕末から大東亜戦争終戦まで、改廃、兵器弾薬の発達、教育など、実態を綴る。